KB165728

식물과 나

이소영

식물과 나

글항아리

차례

그렇게 봄이 시작된다

아침 작업실로 오는 길 화단에서 회양목을 보았다. 꽃을 피우기 시작한 모습이었다. 회양목이 꽃을 피웠다는 건 곧 그 옆 왕벚나무에 꽃망울이 맺히고, 땅에서는 노란 민들레와 파란 꽃마리가 피어난다는 이야기이기도 하다. 그렇게 봄이 시작된다. 하루하루가 다르게 수많은 봄꽃이 피어날 것이고, 꽃의 아름다움에 무뎌질 즈음이면 푸르른 잎이 무성해지는 여름이 올 것이다. 그러면 곧 단풍이 들며 잎은 떨어지고, 춥고 건조한 겨울이 오겠지. 그 겨울을 지나면 다시 회양목에 꽃이 피는 봄이 온다. 나는 식물의 생애로 시간의 흐름을 이야기한다.

이렇게 반복되는 계절을 살아가는 게 우리 삶이고, 그 시간 속에서 만나는 식물이라는 생명을 기록하는 게 내 일이다. 문득 헤아려보니 식물을 그리기 시작한 지 10년이 훌쩍 지났다. 여기에 식물을 공부하기 시작해 식물이 삶의 중심에 놓인 시간까지 더하면 인생의 반을 식물과 함께한 셈이다. 오랜 시간을 식물과 함께 보낸 듯하지만, 여전히 눈앞의 식물이 새롭고 낯설게 느껴진다. 그건 아마 내가 그리는 대상이 살아 있는 생물이기 때문일 것이다. 내가 변해가듯, 식물도 계속 변화한다. 그렇게 변화하는 계절 속에서 앞으로 또 어떤 식물을 마주하고 들여다보게 될지, 또 그로부터 무엇을 깨닫게 될지 궁금해진다.

식물은 내게 관찰과 기록의 대상이기 전에 이 세계에 존재하는 생명인 동시에 함께 이 세상을 살아가는 가장 가까운 친구이기도 하다. 그래서 식물을 들여다볼수록 그 곁에 선 나 자신을 돌아보며 반성하고 성찰하게 된다.

돌이켜보면 식물을 그리기 전에도 내 곁에는 늘 식물이 있었다. 어릴 적 사진을 보면 엄마 품에 안긴 내 옆에는 진분홍색 꽃을 피운 진달래가 서 있다. 처음 유치원 소풍을 갔던 날 사진 속 내 주변으로는 샛노란 튤립이 가득 피어 있다. 마당에 있던 앵도나무 열매를 따 먹은 날은, 생애 처음으로 식물을 채집한 날이기도 하다. 태어나 처음으로 좋아한 사람에게 선물했던 물망초는 설렘의 추억이며, 친구의 장례식장 제단에 올려져 있던 흰 국화는 슬픔의 기억이다.

쓰는 동안 내 삶 구석구석에 참 많은 식물이 함께했다는 걸 다시 알게 되었다. 이 책을 읽는 누군가에게도 그런 기억이 있을 것이다. 책을 읽으며 지금껏 지나쳐온 작고 사소한 식물들을 한 번쯤 떠올려준다면, 그것만으로 나는 참 기쁠 것 같다. 그 기억으로 무한히 찾아올 다음 계절의 식물들을 반가이 맞아줄 수 있다면 좋겠다.

Buxus koreana Nakai ex Chung & al.

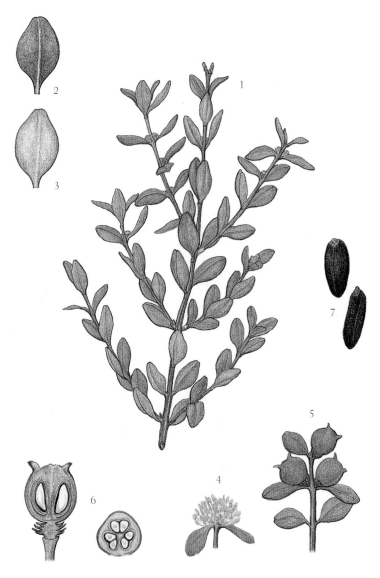

도시 화단에서 언제나 볼 수 있는 회양목은 초봄 그 어떤 식물보다
더 일찍 꽃을 피운다. 번호순으로 잎과 꽃이 달린 가지,
잎(2~3), 꽃, 열매가 달린 가지, 열매 단면, 씨앗.

봄

Spring

계절이라는 마감

작업실 뒤엔 주차장을 둘러싼 좁고 기다란 화단이 있다. 이곳에는 서양측백나무와 당단풍나무, 스트로브잣나무와 서양자두나무 등 평범한 도심 정원에서 흔히 볼 수 있는 나무들이 심겨 있다. 나는 이 화단을 좋아한다. 나무에 핀 꽃이 아름답거나 열매가 맛있어서가 아니라, 이 작은 화단에 피어나는 다채로운 풀꽃들 때문이다.

봄이 되면 로제트* 잎을 가진 풀들이 하나둘 꽃을 피워낸다. 누가 심지도 않았는데 부지런히 피어난 이른 봄꽃들이 어찌나 기특한지, 나는 땅만 들여다보고 다닌다. 매해 봄이면 늘 그래왔다. 잔잔하게 피어난 봄꽃들을 구경하다 보면 주차장에 차를 세우고 작업실에 들어서기까지 30분이 넘게 걸릴 때가 많다. 꽃마리와 봄맞이, 쇠별꽃, 냉이, 큰개불알풀, 서양민들레, 꽃다지……

---

* 뿌리나 땅속줄기에서 돋아난 잎이 바큇살 형태로 땅 위에 퍼져 무더기로 나는 모양으로, 민들레가 대표적이다.

작은 꽃들이 옹기종기 모여 난 땅에서는 꼭 삐약삐약 병아리 소리가 들리는 것만 같다.

이 식물들 이름을 나열하면 주변 식물학자들은 크게 흥미를 느끼지 못할 것이다. 그 정도로 흔하디흔한 풀이지만, 지금과 같은 시기에 꽃을 보기 위해 어딘가로 나서지 않아도 콘크리트로 둘러싸인 도시에서 스스로 자라고 피어난 꽃을 일상적으로 만난다는 건 숲에서 희귀식물을 보는 것 못지않게 소중한 일이다.

꽃마리나 쇠별꽃, 냉이와 꽃다지의 꽃은 모두 꽃잎이 지름 1센티미터도 되지 않는 아주 작은 풀이라 땅에 얼굴을 가까이하지 않으면 보이지 않는다. 주차장에 쪼그려 앉아 꽃을 보고 있으면 지나가는 사람들은 무슨 귀한 게 있냐며 함께 땅을 들여다보고는, 기대했던 게 아닌지 실망하고 발길을 돌리기도 한다.

하루는 이곳에서 우연히 별꽃 종류인 개별꽃과 쇠별꽃, 별꽃을 발견했다. 워낙 꽃이 작은 데다 당장 관찰할 시간이 없어 몇 시간 후 다시 와 기록해두려고 지푸라기로 나만 알 수 있는 위치 표시까지 해두었다. 그런데 서너 시간 후 다시 와보니 개별꽃과 별꽃은 줄기가 꺾여 있고 어딘가에 짓밟힌 듯 꽃이 모두 고개를 숙이고 있었다. 주차장을 오가는 사람들에 의해 훼손된 듯 보였다.

꽃은 피고 진다. 그리고 꽃이 피고 지는 때는 자연의 질서와 규칙 안에 있다. 이 '피고 지는' 과정을 포착하여 기록하는 것이 나의 일이다. 하지만 이런 예상 밖의 일, 이를테면 인간에 의해 꽃이 훼손되어 관찰할 수 없게 되는 일이 일어날 때마다 내 발에 내가 걸려 넘어진 듯한 기분이 든다. 내가 밟아 훼손한 것은 아니지만, 결국 나도 사람이다. 내가 이 수많은 풀꽃 개체를 개별꽃

주차장의 봄 풀꽃. 왼쪽 위부터 꽃마리, 꽃다지, 냉이,
쇠별꽃, 서울제비꽃, 쑥, 토끼풀, 괭이밥.

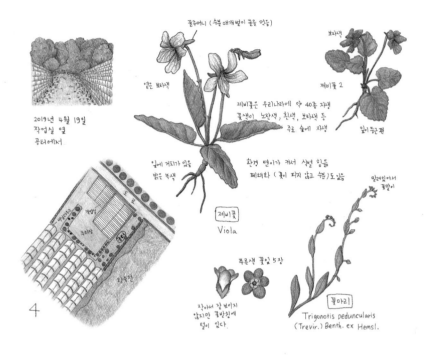

꿀주머니 (수분 매개벌이 꿀을 먹음)

보라색

열린 보라색

제비꽃 2

제비꽃은 우리나라에 약 40종 자생
꽃색이 노란색, 흰색, 보라색 등
주로 숲에 자생

잎이 둥근편

2019년 4월 19일
작업실 옆
꽃터에서

잎에 거치가 있음
밝은 녹색

환경 변이가 커서 식별 힘듦
폐쇄화 (꽃이 피지 않고 수분)도 있음

말려있어서
꽃말이

제비꽃
Viola

푸른색 꽃잎 5장

작아서 잘 보이지
않지만 꽃받침에
털이 있다.

꽃마리
Trigonotis peduncularis
(Trevir.) Benth. ex Hemsl.

4

과 쇠별꽃, 별꽃처럼 종으로 식별하듯 이 식물 개체 하나하나의
입장에서는 나도, 그들을 밟은 누군가도 결국 다 같은 인간―호
모사피엔스라는 하나의 종일 뿐인 것이다.

풀꽃은 가끔 나를 두고 장난을 치는 것 같기도 하다. 꽃잎이
더 이상 벌어질 수 없을 만큼 만개하면 나는 그 옆에 쪼그려 앉
아 그 모습을 열심히 스케치해두고 생각한다. '드디어 올해는 만
개의 순간을 포착했군.' 그러나 이튿날, 또 그 이튿날이면 꽃은
더 활짝 피어 내 스케치를 무색하게 만든다. 그런가 하면 시간이
지나 더 활짝 피겠지 하는 생각으로 스케치를 해두지 않았을 때

16

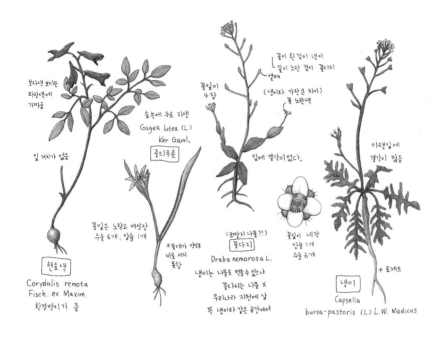

보라색 보다는
파란색에
가까움

숲속에 주로 자생
Gagea lutea (L.)
Ker Gawl.
중의무릇

잎 거치가 없음

꽃잎은 노랗고 여섯장
수술 6개, 암술 1개

꽃대가 약해
바로 서지
못함

현호색

Corydalis remota
Fisch. ex Maxim.
환경변이가 큼

꽃잎이
4장

[꽃이 흰 것이 냉이
[꽃이 노란 것이 꽃다지
열매

(냉이와 가장 큰 차이)
꽃 노란색

잎에 결각이 없다.

(콩따지 나물?!)
꽃다지

Draba nemorosa L.
냉이는 나물로 먹을수 있으나
꽃다지는 나물 X
우리나라 지천에 남
꼭 냉이와 같은 공간에서

꽃잎이 네장
암술 1개
수술 6개

아래잎에
결각이 많음

냉이

Capsella
bursa-pastoris (L.) L.W. Medicus

※ 로제트

는 곧바로 꽃이 져버려, 기록을 안 해둔 과거를 후회하게 만든다.

상대를 다 안다고 생각하는 순간이 가장 위험하다고 했던가.
식물은 내게 이야기하는 것 같다. "나를 예상하지 마. 자만하지
마." 작은 풀꽃에 비하면 거대한 나는 늘 위에서 이들을 내려다
보며 꿰뚫고 있다고 생각해왔지만, 언제부턴가 관찰을 하면 할
수록 깊이가 바닥나고 나를 꿰뚫고 있는 건 오히려 이 풀꽃들이
리는 생각이 든다. 식물은 나를 너무나 잘 알고 있다.

그래서 나는 더 부지런히 풀꽃을 쫓아다닐 수밖에 없다. 지금
피어난 이 꽃들은 봄이 지나면 져버릴 것이고 초여름이 오면 또

다른 풀꽃이 이 자리에 피어날 것이다. 그사이 미지의 동물에게 짓밟히거나 자연재해에 의해 훼손될 수도 있다. 끊임없이 피고 지는 이 땅의 풀꽃을 기록하기 위해서는 지치지 않고 이들을 찾아다닐 체력과 꾸준함만 있으면 된다.

화단에 남아 있는 쇠별꽃이 지기 전에 나는 서둘러 스케치를 할 것이다. 스케치가 끝나면 꽃 한 줄기를 작업실로 가지고 가서 현미경으로 꽃잎과 꽃 안의 수술, 암술을 들여다보아야 한다. 이 작업은 밤늦게까지 이어질 것이다. 그림은 초여름 상사화가 피기 전 완성되어야 하기 때문이다. 나는 '계절'이라는 마감을 늘 눈앞에 두고 식물을 그린다.

식물 공부

언제부터 식물에 관심을 갖기 시작했는지는 나도 잘 모르겠다. 아마도 유치원에 들어가기 전까지 주말마다 아버지와 관악산을 오르고, 집 앞 보라매공원을 산책하며 자연스레 식물을 들여다 보게 되지 않았을까 추측해볼 뿐이다. 내가 이 얘길 하면 아버지는 내 기억에도 없는 두어 살 때 이야기를 꺼낸다. 걷지도 못하는 나를 안고 집 앞 어린이대공원에 가서 꽃을 보여주면 내가 그렇게 좋아하며 웃더라는 이야기. 내가 식물에 관심을 갖게 된 건 어린 나를 식물이 있는 곳에 데려가 꽃과 나무를 보여주었던 부모님 덕분이다.

그렇게 성장한 내가 원예학과에 진학하겠다고 했을 때 학원 선생님과 친척들, 주변 어른들은 왜 인기 학과도 아닌 농대에 가냐며 의아해했고, 더러는 나를 꾸짖기도 했다. 과학기술이 급속도로 발달하는 이 시대에 젊은 사람이 왜 식물을 공부하냐는 이야기였다. 그때 어른들 말을 듣고 원예학과에 진학하지 않았나면 지금 나는 어떤 삶을 살고 있을까? 상상도 가지 않는다. 얼마 전 친구들과 대화하다 과거로 돌아간다면 무엇을 하겠냐는 질문이 나왔다. 나는 "더 많은 식물을 더 빨리 만나고 싶다"고 대답했다가 로또 얘기 중에 분위기를 깬다며 야유를 받았다. 하지만 정말 진심이었다. 나는 내게 주어진 시간만큼 오래도록 식물을 들여다보고 싶다.

고등학생이던 나는 그저 식물을 공부하고 싶어서 원예학과에 가겠다고 했지만, 사실을 말하자면 오직 그 이유만 있었던 건 아니다. 내게는 어떤 믿음이 있었다. 과학기술이 발달해 상상하기 어려운 수준에 도달했을 때, 그러니까 내가 50~60대 중년이 되어 대기 오염이나 식량 부족 같은 기술 발전의 부작용이 제기될 즈음엔 사람들이 식물을 찾게 되지 않을까? 다들 자연으로 회귀하고자 하는 마음을 갖게 되지 않을까 하는 믿음 말이다.

그러나 내 예상과 현실은 달랐다. 그 시기는 훨씬 더 빨리 왔다. 나는 30대가 되었고, 사람들은 벌써 식물을 들여다보기 시작했다. 누군가는 단군 이래 우리나라에서 식물 관련 전공자를 가장 많이 찾는 시대가 되었다고도 한다. 그러나 기실 이것을 긍정적인 결말이라고 할 수만은 없다. 자연의 위기가 그만큼 빨리 도래했다는 이야기이기도 하니까 말이다.

이제 사람들은 미세먼지 속에서 공기를 정화해줄 관엽식물을 들이고, 건강한 식량을 얻기 위해 직접 텃밭에 채소를 기른다. 코로나19의 여파에 면역력을 강화해준다는 식물을 찾고 집에서 화분을 가꾸며 시간을 보낸다.

식물 공부가 오로지 농사를 짓기 위한 일로만 여겨지던 때가 있었다. 내가 고등학생이던 때만 해도 그랬다. 당시엔 가드너나 플로리스트 같은 용어조차 생경했다. 그러다 대학에 가서야 국가공인 '화훼장식기사시험'이란 게 처음 생겼고, 함께 학교를 다니며 플로리스트를 꿈꾸던 친구들이 시험 준비를 하던 것이 생각난다. 그즈음부터 플로리스트라는 직업명이 우리나라에서 널리 쓰이기 시작했다. (플로리스트들은 이전까지만 해도 꽃집 아줌마, 꽃집 아가씨 등 특정 성별로 불렸다.) 대학을 막 졸업하던 2010년대 초반에는 한 심포지엄에서 가드너와 정원가, 원예가라는 직업군의 정의에 관해 논하기도 했다. 가드너나 원예가라는 말도 지금처럼 일상적으로 쓰이는 용어가 아니었던 것이다. 도시에 사는 우리가 식물을 식용이나 약용의 대상으로서가 아닌 식물 자체로 들여다보기 시작한 것은 그리 오래된 일이 아니다.

대학교 때 기억에 남는 수업 중엔 '채소재배론'이 있다. 전공 필수 과목이라 모든 학생이 들어야 했는데, 학교에 있는 밭에 직접 채소 모종을 심어 재배하는 실습 과목이었다. 첫 시간에 우리는 상추와 배추, 토마토, 오이를 심었다. 한 학기 동안 학생들은 수업 시간이 아닐 때에도 틈나면 가서 물을 주고, 밭을 일궜다. 그리고 마지막 수업 시간에는 다 자란 채소들을 수확했다.

교수님은 학생들에게 봉투를 나눠주며 수확한 채소를 담아 자유롭게 가져가라고 하셨다. 신나서 열심히 수확하는 내게 옆에 있던 친구가 물었다. "내 것도 가져갈래?" 내가 의아해하며 "왜? 너 안 가져가게?" 했더니 친구는 대답했다. "끝나고 교양 수업 있는데 가지고 다니기가 좀 창피해서……." 순간 주변을 둘러보니 동기들은 삼삼오오 모여 서로 가져가라며 식물을 떠넘기고 있었다. 가다가 그냥 버려야겠다는 동기의 말에 나는 얼른 내가 가져가겠다며 채소 봉지를 받아들었다. 그렇게 가져온 채소를 이웃에게 나눠주었다. 우리가 열심히 키운 채소가 천덕꾸러기 신세가 되는 것이 슬펐다.

식물을 공부하면서 원예학을 전공한다는 걸 부끄럽게 여기는 이들을 마주하는 일은 늘상 있었다. 식물이 세상의 관심 대상이 전혀 아니었던 시절, 우리는 어딜 가든 "누가 요즘 식물을 해" "식물 해서 뭐 될래?" 같은 소리를 들어야 했다. 원예학과에 진학하려던 내게 "어린 애가 무슨 원예를 공부하냐"고 말하던 어른들의 굴레는, 사라지지 않고 식물을 공부하는 우리를 주눅 들게 만들었다.

그러니 이젠 나라도 식물을 공부하는 사람들에게, 또 식물을 공부하고 싶어하는 어린이들에게 이야기해주고 싶다. 식물은 그 무엇보다 고귀하고 소중한 생명이라고. 생명을 들여다보는 일은 곧 우리의 미래를 들여다보는 일이라고. 식물을 공부하는 일은 결코 시대에 뒤떨어진 일도, 촌스러운 일도 아니라고. (사실 그렇더라도 상관없지 않은가?) 인간이란 동물은 늘 식물에 기대어 살아왔고 앞으로도 그러지 않을 도리가 없다. 그러니 무엇을 선택하든 자신이 좋아하는 것, 옳다고 생각하는 것을 향해 나아가면 된다.

우리는 인류의 미래와 자연 보전을 위해 식물을 소중하게 여기고, 보호하고, 연구해야 한다고 말한다. 그렇다면 앞으로 식물을 지키며 자연과 함께할 미래의 주인공인 어린이들이 식물에 흥미를 느끼며 마음놓고 식물을 좋아할 수 있는 환경을 만드는 것 또한 우리가 해야 할 일 아닐까? 내 어린 시절을 떠올리며 어린이들이 "나는 식물을 좋아해요. 커서 농사를 지을 농부가, 식물을 연구하는 식물학자가 될 거예요!"라고 자신 있게 말할 수 있는 세상이 되면 좋겠다는 생각을 해본다.

작지만 거대한 알뿌리

튤립을 그리고 있다. 내가 그리는 품종은 연분홍 꽃잎의 셔벗튤립. 요즘 우리나라 꽃시장에서 흔히 판매되는 품종이다. 연두색 잎에 대비되는 연분홍색 꽃잎이 은은하면서도 화사하다. 그림을 그리느라 보고만 있어도 봄이 다 온 것 같아 기분까지 좋아진다.

우리가 부르는 식물의 이름은 대체로 속명屬名, generic name 인데, 하나의 속(친척)에는 다양한 종이 있다. 가령 벚나무에는 왕벚나무 개벚나무 산벚나무 등이 있고, 종마다 꽃의 형태도 조금씩 다르다. 언젠가 동료들에게 무궁화라는 이름을 들었을 때 어떤 형태와 색의 무궁화가 떠오르는지 물었더니, 누군가는 연분홍색, 또 누군가는 진분홍색을 떠올리며 각각 다른 이미지의 무궁화를 언급했다. 나는 무궁화 하면 꽃잎이 흰 무궁화를 가장 먼저 떠올린다. 어릴적 초등학교에 들어가 받았던 교과서 첫 장 애국가 악보에 흰 무궁화가 그려져 있었기 때문이다. 대개 이런 이미지는 첫 경험, 그러니까 처음 본 식물의 형태와 색으로 각인 된다. 그래서 학자들은 우리나라 국화 이미지를 정립하기 위해

23

무궁화 대표 품종을 정해야 한다고도 이야기한다.

튤립도 사람들에게는 제각기 다른 이미지로 떠오를 것이다. 지금 그리는 튤립은 연분홍색이지만, 어쩐지 나는 튤립 하면 새빨간 튤립이나 샛노란 튤립이 생각난다. 이제는 꽃시장에서 구입하려고 해도 묘하게 찾아보기 어려워진 그런 쨍한 색의 튤립. 당연한 일이다. 요즘 사람들이 좋아할 리 없는 색이니까. 심지어 최근에는 다 자란 튤립을 유통하기 전 염색해 푸른빛, 검정빛이 돌도록 만든 틴트 튤립이라는 게 유행이라고 한다.

내 머릿속에 각인되어 있는 새빨갛고 샛노란 튤립은 내가 태어나 처음 본 튤립의 색이다. 어린 시절 집 근처 보라매공원에서 본 튤립이 그랬다. 사진첩을 넘기다 보면 내가 주인공인지 튤립이 주인공인지 알 수 없는 사진이 몇 장 있다. 아마도 사진을 찍은 아빠가 아름다운 튤립밭을 지나치지 못하고 "소영아 저 튤립 앞에 서봐" 하고는 찍은 사진들일 것이다.

'그래, 이게 바로 튤립이지.' 어느 식물원에서 그때 본 튤립과 엇비슷한 튤립을 보고 반가움에 감탄한 적이 있다. 그 튤립들을 보며 지금 이 시대를 지나는 어린이들에게 튤립은 또 어떤 형태와 색으로 각인될지 궁금해졌다.

매년 2월 마지막 토요일이면 우리 동네엔 겨울 동안 오지 않던 꽃 트럭이 찾아온다. 꽃 트럭에는 다양한 관엽식물과 향기로운 허브, 집에서 재배하기 수월한 다육식물이 한가득 실려 있다. 나는 해마다 이 꽃 트럭을 만나며 '올해도 봄이 왔구나' 실감한다. 트럭 안 푸른 잎들 사이에는 유일한 꽃 무리가 있는데, 바로 히아신스와 무스카리, 그리고 튤립이다. 추위가 다 물러가지 않은 이른 봄 우리를 맞아주는 알뿌리식물들.

구근 혹은 알뿌리라고 부르는 이 식물들을 나는 유난히 좋아

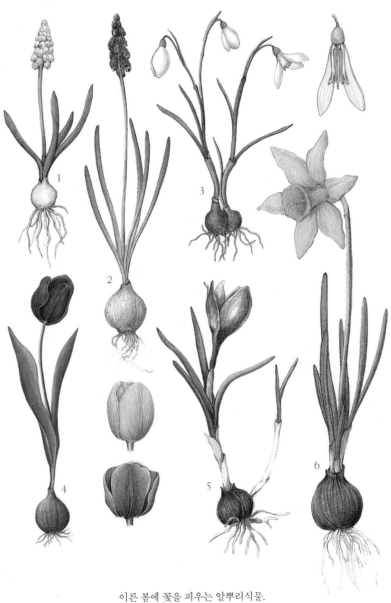

이른 봄에 꽃을 피우는 알뿌리식물.
번호순으로 무스카리(1~2), 설강화, 튤립, 크로커스, 수선화.

한다. 튤립, 히아신스, 크로커스, 수선화, 무스카리…… 모두 길고 긴 겨울을 지나야 비로소 볼 수 있는 식물들이다. 초봄 탐스럽고 향기로운 꽃을 피우는 이들의 존재는 추운 겨울도 견딜 만한 가치가 있음을 알게 해준다.

누군가 내게 알뿌리식물의 매력이 무엇이냐고 묻는다면, 나는 그저 알뿌리인 것 자체가 매력이라고 말할 것이다. 땅속에서 혹독한 겨울을 견딜 수 있는 이유도, 이른 봄 그 어떤 식물보다 빨리 꽃을 피우는 이유도 모두 이들이 비대한 알뿌리를 가졌기 때문이다.

식물은 언제나 그 자리에 있다. 이 시끄러운 세상에 자신에게 시선을 주는 이 하나 없어도 누가 알아주기를 바라지 않고 해야할 일을 묵묵히 해낸다. 그런 식물의 기관 중에서도 뿌리는 가장 식물다운 기관이 아닌가 한다. 뿌리는 땅속에서 식물 전체를 지탱하며, 혹시 모를 비상 상황에 대비해 양분과 수분을 저장해둔다. 또 지상부의 기관들이 원할 때 알맞은 양분과 수분을 공급해주고, 모든 기관이 유연하게 순환하도록 돕는다. 보이지 않는 곳에서 마치 보호자처럼 지상부를 보살피며 식물의 삶을 관장한다. 알뿌리식물도 마찬가지다. 춥고 건조한 겨울 동안 비대한 땅속뿌리에 양분을 저장하고 겨울 추위가 지나가기를 기다렸다가, 봄이 오면 그간 저장해두었던 뿌리 양분을 모두 이용해 잎을 틔우고 꽃을 피운다.

아무것도 아닌 듯 보이는 작은 알뿌리가 가진 힘을 생각한다. 이 둥근 생명체로부터 만들어질 잎과 꽃, 열매와 씨앗. 그리고 꽃과 열매를 향해 모여들 동물과 인간. 그 놀라운 힘을 떠올리면, 내가 그리는 이 풀꽃 한 송이가 하나의 행성처럼 느껴진다. 또 그런 놀라운 존재 앞에 선 내가 보잘것없고 쓸모없는 동물처럼 느껴지기도 한다. 식물을 관찰하고 그릴수록 나는 더 작아지는 기분이다.

그럼에도 불구하고 식물은 나를 무의미한 존재로까진 만들지 않는다. 설강화의 작은 알뿌리든 수선화의 큰 알뿌리든 때가 되면 각자의 꽃을 피우고, 각자의 씨앗을 맺는다. 누가 더 대단할 것도 없고 누가 더 특별할 것도 없다. 그저 저마다의 꽃을 저마다의 시기에 피울 뿐이다. 그러니 이 작은 알뿌리들처럼 나 역시 내 존재를 다른 무엇의 삶과 비교하지 않고 해야 할 일을 하며 삶을 열심히 살아내면 그뿐이라고. 삶에는 이겨내야 할 추운 겨울이 있으면 꽃을 피우는 따뜻한 봄날도 있다는 것을, 내 손에 쥐여진 작은 알뿌리들이 알려주었다.

다시 보는 할미꽃

1913년 선교사인 남편과 함께 한국에 온 미국인이 있다. 생물학을 전공한 그는 순천에 터를 잡고 그곳에 자생하는 야생화를 그리기 시작했다. 열두 종의 제비꽃과 네 종의 버드나무 등 당시만 해도 대부분의 사람이 다 같은 종이라 생각하고 지나쳤을 식물들을, 그는 세밀히 분류하고 관찰해 그림으로 기록했다. 1931년 그는 이 그림들을 묶어 일본에서 책으로 출간했고, 이때부터 우리나라 야생화는 세계에 널리 알려지게 됐다. 플로렌스 헤들스턴 크레인(1888~1973) 선생의 책 『한국의 들꽃과 전설』 이야기다. 이 책에는 우리 주변에서 흔히 만날 수 있는 148종의 식물 그림이 실려 있다. 정확한 과학 그림은 아니지만 어떤 식물 종인지 알기에는 충분하다.

나는 계절이 바뀔 때마다 이 책을 들춰본다. 혼란의 시대에 연고도 없는 먼 나라에 와서 만난 들풀과 나무를 기록한 선생의 마음을 상상하면서. 그림 속 이 작은 야생화들은 낯선 땅에서 적응해야 했던 그에게 커다란 위안이 되어주었을 것이다. 나 역시 식물을 그리면서 고단할 때도 많지만, 식물로부터 위안을 얻기도 한다.

내가 갖고 있는 1969년 판 『한국의 들꽃과 전설』 11쪽에는 아주 익숙한 식물 그림이 있다. 그림 옆에는 한글로 작게 "할머니꽃"이라고 쓰여 있다. 나는 처음 이 이름을 보고 적잖이 충격을 받았다. '맞아. 할미꽃은 할머니꽃과 같은 말이지.' 갑자기 그간 부르던 할미꽃이라는 이름이 어쩐지 낯설게 느껴졌고, 식물도 다시 보였다. 이때부터 할미꽃에 본격적으로 관심을 갖게 됐다.

할미꽃을 처음 만난 건 아주 어렸을 때다. 성묘를 가서 친할머니 친할아버지의 묘 가까이에 핀 꽃을 보았다. 아빠에게 무슨 꽃이냐고 묻자 아빠는 할미꽃이라고 알려주었다. 그때만 해도 이곳이 할머니 산소라서 할미꽃이 피는 줄 알았다. 식물을 공부한 뒤에야, 할미꽃이 양지바른 곳을 좋아해 묘 주변에서 자주 발견된다는 걸 알게 됐다.

할미꽃 하면 많은 사람이 아련함, 가여움, 슬픔 같은 감정을 떠올린다. 이건 할미꽃이라는 식물의 이미지에서 오는 게 아니라 그 이름이 불러일으키는 감정이다. 할미꽃이라는 이름은 열매에 난 긴 털이 할머니의 흰머리와 닮았다고 해서 붙은 이름이다. 할미꽃의 독특한 아름다움, 이른 봄에 피어나는 꿋꿋한 모습은 쉽게 접할 수 있는 식물이라는 익숙함과 이름에서 연상되는 슬프고 아련한 감정에 묻히기 일쑤다. 그렇게 우리는 이미 다 아는 식물이라는 생각으로 할미꽃을 쉽게 지나쳐왔다.

나는 대학교 때 동기들과 작은 정원 만들기 공모전에 참가하며 우리 야생화로 정원을 꾸민 적이 있다. 그때 할미꽃을 심자는 의견을 냈있다. 대표적인 우리 야생화이기도 하고, 어릴 적부터 형태가 독특하다고 생각했기 때문이다. 하지만 함께 준비하던

Pulsatilla koreana (Yabe ex Nakai) Nakai ex Mori

이른 봄에 꽃을 피우는 할미꽃은 독특한 색과 질감을 자랑한다.
우리나라에는 할미꽃 노랑할미꽃 동강할미꽃 가는잎할미꽃 등이 자생한다.
그림은 대표 종인 할미꽃.

친구들은 하나같이 할미꽃 심기를 꺼려했다. 할미꽃은 무슨 할미꽃이냐며, 더 세련되고 화려한 정원을 만들자고 했다. 할미꽃은 세련된 꽃이 아니라는 건가? 할미꽃도, 할머니도 화를 낼 만한 말이었다. 하지만 끝까지 할미꽃을 심자는 사람은 나 혼자였고, 어쩔 수 없이 할미꽃 정원을 만드는 계획은 무산됐다.

지금의 나였다면 친구들에게 노랑할미꽃과 동강할미꽃을 보여줬을 것이다. 노랑할미꽃은 봄철에 흔하게 볼 수 있는 진노란색 꽃이 아닌 연노란색 꽃을 피운다. 이미 정원 식물로 널리 이용되고 있어 종종 지인들에게 노랑할미꽃을 보여주면 "이게 정말 할미꽃이냐"며 놀란다. 동강할미꽃은 꽃이 고개를 들고 있어 화려한 꽃 내부를 볼 수 있는 데다 연보라색 꽃잎은 다른 봄꽃들이 흉내 낼 수 없는 색감을 뽐내기에 봄철 식물 애호가들에게 가장 인기 있는 꽃이기도 하다.

이른 봄 꽃을 피우는 식물 중 할미꽃만큼 독특한 색과 질감을 자랑하는 식물도 드물다. 야생화뿐 아니라 원예식물을 포함해도 마찬가지다. 할미꽃의 꽃잎은 마치 자주색 벨벳 같다. 몸 전체에 밀생하는 흰 털은 봄 햇볕 아래서 광채를 내뿜으며 빛난다. 태양빛을 받으며 반짝반짝 빛나는 모습은 눈을 뗄 수 없을 정도로 아름답다. 영어로 '양의 귀'를 뜻하는 이름을 가진 허브 램스이어Lamb's ear는 몸 전체에 난 털 때문에 사람들에게 인기가 많다. 그러나 할미꽃도 램스이어만큼이나

동강할미꽃은 꽃줄기가 아래로 굽지 않고 위를 향한다. 아름다운 자태로 봄이면 식물 애호가들에 의해 훼손되는 일이 잦다.

매력적인 털을 갖고 있다는 걸 아는 이는 많지 않다.

다시 봄이 오면 할미꽃을 제대로 한번 들여다보기를 바란다. 이미 개체 수가 많이 줄었지만, 그래서 더 처음 만나는 식물처럼, 이름 없는 신종을 발견하듯 그렇게 할미꽃을 봐주기를. 알수록 보인다고 하지만 몰라서 보이는 것들도 있다. 크레인 선생이 낯선 한국 땅에 와서 다양한 야생화를 새로운 눈으로 발견하고 그 아름다움을 그림으로 기록했듯, 이미 다 안다고 생각했던 할미꽃과 철쭉, 진달래, 개나리도 새롭게 들여다보면 몰랐던 모습을 발견할 수 있을 것이다.

닳아가는 물감

식물을 그리기 위해 처음으로 물감과 색연필을 샀던 날을 기억한다. 대학교 3학년 수목학 수업. 교수님은 교정의 나무를 그림으로 그려 도감을 만들라는 과제를 내주었고, 나는 수업이 끝난 뒤 시내 대형 서점에 가서 70색 색연필과 수채화 물감을 샀다. 그렇게 식물을 그리기 시작했다. 공강 시간이면 친구들을 떼어두고 홀로 교정을 돌아다녔고, 나무를 보느라 시선은 늘 하늘을 향해 있었다. 정문의 은행나무와 도로를 따라 난 진달래 개나리, 시간이 지나 학교를 졸업하고 수목원에 들어가 본격적으로 그린 우리나라 자생식물까지…… 식물 그림을 그리는 동안 그때 샀던 물감과 색연필은 늘 나와 함께였다. 내 손을 따라 그림 속 식물이 되느라 닳아 없어진 물감과 연필을 애틋해하며, 나는 새 물감을 사고 또 샀다.

가장 빨리 닳는 건 대체로 녹색 계열이었다. 식물 기관 중에선 잎의 표면적이 가장 넓어서인지 녹색 계열의 물감은 늘 구비해두어야 했다.

33

같은 녹색이라도 그 빛은 식물마다 천차만별이다. 버드나무의 옅은 녹색 잎과 금꿩의다리의 진한 녹색 잎은 전혀 다른 색이다. 같은 계수나무 잎이라도 막 돋아나는 5월의 잎 색과 8월 한여름의 잎 색이 다르다. 잎의 앞면과 뒷면도 '녹색'이라 부르지만 다른 색이다. 이 다양한 녹색을 재현하기 위해 나는 녹색 물감에 투명한 물을 섞기도 하고, 흰색이나 검은색, 남색이나 붉은색 물감을 섞기도 한다. 이렇게 색을 조합해가다 보면 자연의 선택이란 참 계산적이고 치밀하다는 생각이 든다. 절대적인 것은 없다.

녹색 다음으로는 가지와 수피의 색인 갈색이 빨리 닳는다. 그 다음은 노란색, 빨간색, 분홍색, 보라색순이다. 모두 식물의 꽃과 열매에서 흔한 색들이다.

한편 파란색은 유난히 잘 닳지 않았다. 특히 쨍한 하늘색이나 초록과 파랑 사이의 민트색은 10년이 지나도록 처음 그대로의 모습이다. 속이 비어 쭈글쭈글해진 다른 물감들 사이 새것처럼 그대로인 푸른색 물감들을 보면서, 산수국이나 솔체꽃같이 여름과 가을 사이에 피는 푸른 꽃을 그리는 데 소홀했구나 하는 생각이 들었다. 노란색이나 보라색에 비해 푸른색 꽃을 피우는 식물의 종수가 적긴 하지만, 매년 여름과 가을이면 유독 바빠 푸른 꽃이 많이 피는 시기에 평소만큼 조사를 많이 다니지 못한 게 후회도 된다.

꽃 색은 곧 꽃잎 색이다. 꽃잎은 수분을 돕는 매개자인 동물의 이목을 끄는 역할을 한다. 다양한 식물이 사는 숲에서 한정된 나비와 벌의 관심을 끌기 위해 식물은 매개 동물이 좋아할 만한 색을 보여주거나 그런 향을 내서 각자의 방법으로 경쟁해야 한다. 벌과 나비의 눈에 띄려고 해바라기는 노란색, 작약은 붉은색, 알리움은 보라색 꽃잎을 피운다. 흰 꽃은 나방과 딱정벌레 혹은 나비가 좋아하고, 붉은색 꽃은 새들에게 사랑받는다. 벌과 나비는 노란색부터 보라색까지 좋아하는 색 스펙트럼이 넓다. 나는 노란 꽃을 보고 벌과 나비를 떠올리고, 붉은 꽃을 보면서는 새를 생각한다.

그러나 늘 새롭고 특별한 것을 좋아하는 인간이란 동물은 식물에서도 지속적으로 새로운 색을 찾는다. 2년 전 세계 최대의 알뿌리식물 꽃 축제가 열리는 퀴켄호프에서 특별한 색의 튤립을 보았다. 이미 버블까지 경험한 데서 볼 수 있듯, 튤립은 본래의 색을 넘어 검은색과 회색, 줄무늬까지 다양한 색으로 개량되었다. 이미 세상에 존재하는 모든 색으로 육종됐을 것만 같은 튤립들 속에서 새로운 색을 찾을 수 있을까 싶었던 것도 잠시, 나는 녹색 꽃을 피운 튤립 앞에서 걸음을 멈출 수밖에 없었다. 다른 사람들도 녹색 튤립 앞에 서서 너 나 할 것 없이 사진을 찍었다. 다채로운 꽃잎 색에 익숙해진 우리에게 잎과 비슷한 녹색 꽃은 그야말로 신선한 충격이었다.

사실 학자들은 녹색이 최초의 꽃 색이었을 것이라 추정한다. 시간이 지나고 식물의 종수가 많아지면서 수분 매개자인 동물의 관심을 얻기 위해 치열한 경쟁을 벌이다 보니 동물이 좋아하는 다채로운 색으로 진화했다는 것이다.

물론 이것은 자생식물 이야기다. 도시 원예식물의 꽃 색은 인간의 욕망에 따라 진화해왔다. 화단의 식물과 집에서 키우는 화분 식물, 결혼식과 졸업식 같은 행사장에서 보는 절화까지 모두 우리 선택에 의해 유통되고 증식되어 존재한다.

초봄 길가 화단에 심긴 팬지를 보면서, 인류가 만들어낼 수 있는 모든 색이 이 꽃잎에 담겨 있다고 생각했다. 색색의 팬지 꽃잎은 다가올 사계의 아름다움을 예고하는 것 같기도 하다. 팬

다양한 빛깔을 품은 팬지. 왼쪽 위부터 오렌지, 바이올렛 윙, 옐로,
옐로 브로치, 레드 브로치, 블루 브로치,
퓨어 화이트, 블랙 킹, 파놀라 핑크 섀도스.

지는 다알리아와 더불어 가장 다양한 색으로 육성된 화훼식물이어서, 팬지 색상환*이라는 게 있을 정도다. 게다가 다섯 개의 꽃잎도 저마다 색이 다르다. 팬지꽃을 그리는 동안 나는 지금껏 쓰지 않았던 푸른 계열의 물감에서부터 연필까지, 거의 모든 색의 재료를 썼다. 흰 꽃에 명암을 넣기 위한 회색부터 빨간색, 노란색, 파란색, 보라색, 검은색까지.

팬지를 보면서 앞으로 또 얼마나 특별하고 색다른 색을 찾게 될지 궁금해졌다. 누군가 촌스럽다고 하는 철쭉의 분홍색은 매개 동물의 눈에 들기 위해 식물이 만들어낸 빛깔이며, 꽃집 구석에 놓인 화려한 팬지꽃 색은 그 색을 보고 싶어한 우리가 만들어 내 도시로 가져온 색이라는 사실. 이 사실을 떠올리면, 지금 이 떠들썩하고 삭막한 도시에서 피어나기 시작하는 봄꽃들의 색 하나하나가 소중해질 수밖에 없다.

---

* 색을 스펙트럼 순서로 둥그렇게 배열한 고리 모양의 도표.

클레마티스의 꽃받침을 보셨나요?

개나리를 보러 갔다. 이른 봄에 핀 꽃이 져버린 지 한참 지났으니 혹시 열매를 맺을 준비를 하고 있진 않을까 궁금했다. 주변의 개나리는 대부분 열매를 맺지 못하는 수그루이기에 눈여겨 봐두었던 암그루를 찾아가보았다. 하지만 열매가 맺힐 기미는 보이지 않았다. 대신 꽃이 있던 자리에 또 다른 녹색 꽃이 피어 있었다. 화살나무 꽃같이 보였지만 곧 다른 꽃이 아니라 개나리 꽃잎이 떨어지고 남은 꽃받침이라는 것을 알 수 있었다. 개나리 꽃받침은 그 위에 달려 있던 꽃과 꼭 닮았다. 가장 아름답다는 5월의 정원을 가득 채운 그 많은 꽃과 잎 사이에서 내 눈에 가장 빛나 보인 존재가 개나리 꽃받침이었다는 사실에 놀란 날이었다.

꽤 오랫동안 식물을 기록했음에도 꽃받침만 따로 떼어 집중적으로 관찰한 적은 없었다. 꽃이 피어 있는 시간은 생각보다 짧기에 생식에 직접 관여하는 수술과 암술, 꽃잎 등 꽃의 주요 기관을 관찰하는 데 집중했기 때문이다. 그림마다 꽃받침 기록이

Clematis spp.

클레마티스 꽃을 뒤집어 줄기와 연결된 부위를 살펴보면 꽃받침이 없다.
꽃잎으로 보이는 부위가 꽃받침이기 때문이다.
왼쪽 위부터 잭마니, 프레지던트, 넬리 모저, 스노 퀸.

대자연이 그렇듯, 또 그 안의 식물상이 그렇듯, 식물 한 종을
이루는 여러 기관이 그렇듯, 꽃이라는 기관을 구성하는 더 작고
사소한 요소들도 서로의 부족함을 채우고 도와가며 그렇게 생장
한다.

가정 원예의 즐거움

코로나19의 여파로 작업실과 집에서 보내는 시간이 부쩍 늘었다. 개강은 2주 뒤로 연기되었고, 직장에 다니는 친구들은 대부분 재택근무를 한다. 친구들은 혼자 일하기 지루한지 종종 나에게 산이나 식물원에 함께 가자는 연락을 해온다. 그러면 나는 언제 한번 같이 가까운 동네 산책을 하자고 하거나 집에서 식물을 재배하는 건 어떤지 물으며 은근슬쩍 식물문화 안으로 친구들을 끌어들인다. 어떤 화분을 들일지 묻는 친구와 이미 많은 식물을 재배 중이었는데 재택근무 덕에 오랜 시간 볼 수 있게 됐다며 좋아하는 친구들을 보며, 요즘 나는 자주 가정 원예의 중요성에 대해 생각한다.

아파트보다는 단독주택이 더 많았던 1990년대, 내가 어린 시절을 보낸 집에는 조그마한 마당이 있었다. 마당에는 앵도나무 한 그루가 자라고 있었고, 그 곁에선 엄마 아빠가 심어놓은 오이와 상추, 가지 등 갖가지 채소가 가지런히 커갔다. 저녁 무렵 엄마가 채소를 수확하고 있으면, 나는 옆에서 마당을 뛰어다녔다.

42

여름이면 아빠와 함께 앵두를 따서 바구니에 가득 담았던 기억이 생생하다. 특별히 식물 가꾸기를 좋아하는 게 아니었어도, 마당이 있는 이상 부모님은 그곳에 무언가를 심고 가꾸어야 했다.

그로부터 10년 후 우리 집은 아파트로 이사를 갔다. 막 새로 지어진 아파트에는 꽤 널찍한 베란다가 있었다. 엄마는 베란다에 여러 종류의 난과 소철, 고무나무, 드라세나 등을 두었다. 마당만큼은 아니지만 베란다도 정원의 여운을 느끼기에는 충분한 공간이었다.

그리고 딱 1년 전 우리 집은 신도시 아파트로 이사를 했다. 지금 내가 사는 집엔 베란다가 없다. 엄마는 주방 뒤편에 창고 겸 작은 베란다가 있으니 특별히 베란다가 필요하지 않다고 생각해 거실 확장 공사를 했다고 했다. 요즘은 베란다를 다 없애는 추세라고. 그렇게 전에 살던 집에 있던 화분과 식물들은 지금 거실 모퉁이와 이 방 저 방에 흩어져 놓여 있다. 환기를 자주 해주어야 하는 식물들은 내 작업실로 옮겨 왔다.

돌이켜보면 어떤 집에서 사느냐에 따라 나는 채소와 과일을 수확하는 원예인이 되기도 하고, 식물을 거의 재배하지 못하는 도시인이 되기도 했다. 주거 형태에 따라 원예생활의 모습과 규모도 달라졌던 것이다. 그렇게 나의 '가정 원예'는 변화하고 있었다.

1인가구가 많아지고 원룸 형태의 주거 양식이 보편화되면서 도시 식물의 군상도 변하고 있다. 내가 군이 식물을 사지 않아도 부모님이나 조부모님이 식물을 가꾸었기에 늘 집 안에서 식물을 볼 수 있었던 시대는 가고, 이제는 일부러 찾아 나서지 않으면 식물을 보기도 접하기도 어려운 시대가 된 것이다.

1970~1980년대 마당 화단에 심었던 초화류와 관목, 그리고

Foliage Plants

실내에서 흔히 키우는 관엽식물들. 번호순으로 몬스테라, 오블리쿠아몬스테라,
몬스테라 '알보 바리에가타', 산세베리아, 산세베리아 '하니',
셀로움필로덴드론, 드라코드라세나, 알로카시아, 거북알로카시아, 아레카야자,
아레카야자 어린 나무, 극락조화, 박쥐란.

이후 대거 생겨난 아파트 베란다에서 주로 재배했던 귀한 난과 식물, 시간이 지나며 점점 더 많은 사람의 사랑을 받게 된 관엽식물까지 우리가 집에서 보는 식물들은 주거 양식에 따른 식물 문화의 변화를 잘 보여준다. 최근에는 1인 가구가 늘고, 부동산 가격이 오르면서 사람들이 사는 공간이 좁아지다 보니 관엽식물 중에서도 크기가 작은 종이 인기가 많다. 또 혼자 살다 보면 식물에 세심하게 신경을 써주지 못하기에 자주 물을 주지 않아도 되는 공중식물이나 수경식물 등을 재배하기 시작한 사람이 많아졌다. 복합적인 이유가 있겠지만 모두 주거 양식의 변화가 커다란 요인이다. 화훼작물 소비량도 2005년까지 점점 호황기를 맞다가 그 후로 현재까지 주춤하고 있는 상태다.

물론 이런 상황에서도 더 다양한 품종을 찾으며 더 깊숙이 원예를 즐기고자 하는 사람들이 있다. 몇 해 전부터 식물 인기 흐름에 올라탄 젊은 소비층이 그렇다. 이들은 가격이 좀 비싸더라도 내 마음에 꼭 드는 식물, 오랫동안 나와 함께할 수 있는 식물을 원한다. 반려식물을 잘 기르기 위해 원예 분야 책을 보고, 강의도 듣는다. 서점가에는 식물책 바람이 불고, 인스타그램이나 트위터 같은 소셜미디어 채널에선 자신의 반려식물을 자랑하거나 식물 관련 정보를 게시하는 식물 계정도 부쩍 늘었다. 더 넓고 깊게 식물을 알아가고 싶어하는 사람이 늘면서, 정보를 제공해야 할 책임이 있는 연구기관들도 대중과 소통하는 활동을 활발히 하기 시작했다. 10년 전만 해도 소셜미디어에 식물 사진을 올리는 나를 보고 "그런 걸 뭐 하러 하니?" 묻던 직장 상사가 최근 누구보다 열심히 글을 올리고 댓글을 다는 것을 보았다.

내 친구들도 종종 원예 교과서에서나 볼 수 있을 법한 '원예의 즐거움'에 관해 이야기한다. 식물을 재배하고 나서 외롭지 않게 되었다거나, 불안했던 정서가 안정된 것 같다거나, 식물에 물을 주고 분갈이를 하고 고사지를 정리하느라 몸은 지쳤지만 그래도 기분은 좋다는 이야기들을. 원예의 즐거움을 길게 설명하지 않아도 되어 편안해진 나는, 이 흐뭇함을 오래도록 즐기고 싶다.

그래서 화훼산업이 주춤하고 있다는 지금을 비관적으로 보지 않는다. 이 젊은 원예인들은 식물을 재배하기 어려운 상황에도 아랑곳 않고 그 어느 때보다 강력히 식물을 원하고 있다. 미세먼지 증가 등 대기 오염이 날로 심각해지고 기후위기가 현실화하는 상황, 정서를 불안하게 하는 사회경제적 조건 속에서 우리는 식물을 더 원할 수밖에 없다. 그러니 지금은 식물문화가 일상으로 스며드는 과도기가 아닐까?

이제는 절판된 옛 원예서인 『원예대백과』를 읽다 마음에 남는 한 구절을 보았다. "우리 집의 사철을 어떻게 꾸밀까 하고 여러 가지로 생각하고 있는 사이에 계획을 하는 즐거움에 의욕이 솟아올랐다면 당신은 이미 한 사람의 원예가가 되었다고 할 수 있다." 의욕이 솟아오르는 지금이야말로 적절한 '원예'의 시간이 아닐까 싶다.

백구와 매화

백구는 2005년 11월 5일 우리의 가족의 일원이었던 팬텀의 새끼로 태어났다. 그때 나는 대학생이었다. 백구는 참 하얗고 똘똘했다. 나는 그런 백구에게 『나니아 연대기』에 나오는 사자 '아슬란'의 이름을 붙여주었지만, 가족들은 입을 모아 '백구'라는 이름이 딱이라며 그를 백구라 불렀다. 백구는 내가 식물세밀화를 배우기 시작했을 때부터 수목원에 들어가고, 대학원에 다니고, 또 작업실에서 혼자 작업을 하는 동안 내 20~30대를 함께했다.

그런 백구가 열세 살이 되면서 노화로 관절이 약해져 잘 걷지 못하기 시작했다. 늘 건강하던 백구는 하루에 한 번 관절염 약을 먹어야 했고, 병원도 자주 가야 했다. 그러다 이듬해 1월부터는 아예 걷지를 못해 병원 신세를 지게 됐다. 며칠간의 입원 후 의사 선생님은 말했다. "대형견은 열두 살을 넘기기 어려워요. 백구가 워낙 나이도 많아 무리하게 치료할 수 없으니, 집에서 마지막을 편히 보내게 해주시는 게 좋겠어요." 그렇게 백구는 집에서 누워 지내기 시작했다.

백구가 아프기 시작한 날부터 나는 약속을 잡지 않고 집에서 지냈다. 작업실에도 가지 않았다. 움직이지 못하는 백구의 몸을 수시로 뒤집어줘야 하고, 밥과 물을 먹여줘야 하고, 배변을 도와주어야 했기 때문이다. 나는 집에서 작업을 하며 백구와 함께 시간을 보냈다. 엄마와 아빠, 동생도 늘 집에 있었지만 당연히 내가 가장 가까이에서 챙겨줘야 한다고 생각했다.

그렇게 한 달 정도 지났을까. 프랑스에서 유학하던 친구가 한국에 돌아왔다는 소식을 들었다. 프랑스로 여행을 갔을 때 며칠간 내게 그곳의 식물원과 공원을 안내해준 친구였고, 나는 그에게 언젠가 한국에 돌아오면 꽃축제를 보여주겠노라 약속했다. 마침 그 주에 다양한 매화 품종에 관한 칼럼을 써야 했고 사진 자료가 필요했기에, 하루 시간을 내어 그 친구와 매화축제에 가기로 했다. 가족들은 다 같이 집에서 백구를 돌볼 테니, 하루 정도는 마음놓고 나갔다 오라고 했다. 축제에 가던 날, 새벽 일찍 일어나 백구에게 밥과 약을 먹이고 집을 나서며 누워서 나를 껌뻑껌뻑 올려다보는 백구에게 인사했다. "누나 갔다 올게."

친구와는 매화축제행 버스가 있는 광양터미널에서 만나기로 했다. 나는 동서울터미널에서 버스를 타고 광양터미널로 향했다. 남도엔 매화와 산수유가 한창이라고 하는데 고속도로 주변은 아직 황량한 겨울이었다. 내가 탄 버스는 휴게소에서 잠시 쉬어 갔다. "15분 후에 출발할 테니까 늦지 마세요." 기사의 말대로 15분이 지나 버스는 출발했고, 출발한 지 얼마 지나지 않아 누군가와 전화 통화를 한 기사는 버스 안 승객들을 향해 큰 소리로 말했다. "휴게소에 두고 온 승객분이 있네요! 다시 돌아갈 수도 없고 이분이 다른 버스 타고 다음 휴게소로 온다고 하시니까요, 다음 휴게소에서 20분 정도 기다렸다 가겠습니다!"

우리는 예정에도 없던 다음 휴게소에 들러 그 승객을 기다렸다. 30분쯤 지났을까. 다행히 그는 버스에 오를 수 있었고, 그렇게 버스는 다시 광양으로 향했다.

문제는 지체된 도착 시간이었다. 광양터미널에 먼저 도착한 친구는 우리가 타야 할 매화축제행 버스를 못 타면 한 시간 반을 더 기다려야 한다고 했다. 그러면 축제를 구경할 수 있는 시간은 두 시간도 안 될 것이었고, 나는 마음이 조급해졌다. 어찌하여 광양터미널에 도착했을 때, 우리가 탈 버스는 이제 막 출발하려는 참이었다. 나는 서둘러 내려 그 버스를 겨우 탔다. 친구와 참 다행이라며, 그나마 운이 좋았다며 가슴을 쓸어내렸다.

우리는 더없이 아름다운 풍경을 보았다. 다른 해보다 더 풍성히 만개한 매화는 화려하기 그지없었다. 이보다 더 아름다운 풍경이 있을까? 여느 세계적인 꽃축제 못지않다며 친구와 나는 감탄을 이어갔다. 옅은 미색의 매화와 붉은 홍매화 아래서 내가 좋아하는 매실 아이스크림도 먹었다. 이렇게 봄이 오고 있으니 백구도 조금만 더 버텨서 따뜻한 봄날 함께 산책할 수 있게 되면 좋겠다고 생각했다.

꿈같던 매화 풍경을 뒤로하고 우리는 헤어졌다. 친구는 부산으로, 나는 서울로 가야 했기에 퇴근 시간을 피해 서둘러 각자의 집으로 향했다. 백구 걱정도 됐다. 나는 칼럼에 쓸 사진과 자료들을 챙겨 광양터미널에서 서울로 가는 버스를 탔다. 버스에 오른 지 얼마 지나지 않아 엄마에게 전화가 걸려왔다. 전화를 받으니 엄마는 흐느껴 울고 있었다.

"엄마, 왜!"

"백구가 죽었어, 소영아, 어떡해?"

실감이 나지 않았다. "언제 어떻게?"

"아까까지 잘 있었는데, 설거지하고 다시 보니까 숨을 안 쉬어. 어떡하니, 소영아……!"

울음이 터졌다. "나 집에 갈 때까지 백구 그대로 둬줘."

서울로 향하는 버스 안에서 하염없이 울었다. 사실 그 이후는 기억이 잘 나지 않는다. 나는 그날 그렇게 백구를 보내주어야 했다.

참 이상한 날이었다. 아주 오랜만의 외출이었고, 축제에 가는 길엔 예상 밖의 난관도 있었다. 하지만 계획대로 도착했고, 더할 나위 없이 아름다운 매화 풍경을 보았다.

나는 종종 내가 매화마을로 가는 버스를 그대로 놓쳤다면 내 운이 백구에게로 가서 백구가 조금이라도 더 오래 살 수 있진 않았을까, 그렇게 내 품에서 마지막을 함께할 수 있진 않았을까 하는 생각을 한다. 또 그러기에 앞서, 아픈 백구를 떠나 축제에 간 일을 두고두고 자책한다. 그날은 내 생애 가장 슬프고 괴로운 날이었다.

백구는 내게 둘도 없는 가족이자 친구이자 동료였다. 내가 식물세밀화가가 될 수 있을지 고민하던 대학생 시절에도, 사회 초년생으로서 불투명한 미래를 걱정하던 날들에도 내 곁에는 백구가 있었다. 프리랜서가 되어 혼자 작업실에서 긴긴 시간 그림을 그릴 때도 유일하게 함께해준 존재였다. 새벽까지 그림을 그릴 때 백구는 옆에서 꾸벅꾸벅 졸면서도 내 곁을 지키다 밤샘 작업 후 아침에 잠이 들면 그제야 함께 쪽잠을 자곤 했다. 식물을 보느라 사람을 자주 만나지 못하면서도 내가 외롭지 않았던 건 모두 백구 덕분이었다.

백구와 함께했던 14년, 열네 번의 사계를 함께 보내며 우리는 산책을 참 많이도 했다. 백구는 작업실 앞 천변을 좋아했다.

봄꽃밭을 팔짝팔짝 뛰어다녔고, 내게 작은 들꽃을 잘도 찾아내 보여주었다.

　나는 늘 백구가 보고 싶다. 매화가 피는 계절이 오면 백구에 대한 그리움이 더욱 깊어진다. 그래서 앞으로도 매화 축제엔 갈 수 없을 것 같다. 아직은 매화를 그릴 자신도 없다. 매화는 내게 가장 슬픈 식물, '죄책감'이란 이름의 꽃이다.

백구와 산책로에서.

내일도 뽕나무가 있을 거란 착각

어릴 적 엄마는 잠들기 전 나와 동생에게 이야기를 곧잘 들려주었다. 짤막한 시부터 널리 알려진 전래동화까지. 아주 어린 시절의 일이라 온전히 기억나는 건 몇 개 없지만, 그중 또렷이 기억나는 짧은 이야기에는 뽕나무가 등장했다.

옛날에 뽕나무가 살았는데 어느 날 뽕나무가 "뽕이오" 했더니 옆에 있던 대나무가 "대끼놈" 하며 혼냈고, 그러자 그 옆의 참나무가 "참아라" 했다는 아주 짧은 이야기. 엄청났던 엄마의 연기력 덕분에 아직도 그때 엄마가 지었던 표정까지 생생히 기억난다. 이때 나는 처음으로 대나무와 참나무와 뽕나무의 존재를 알았다.

어린 내가 느끼기에도 '뽕'이라는 이름은 참 강렬했다. 게다가 대나무와 참나무에게 먼저 시비를 건 셈이어서 뽕나무는 내게 그리 좋은 이미지로 남지 않았다. 그리고 초등학교 4학년 여름방학, 나는 바로 그 뽕나무를 실제로 처음 보았다.

우리 반은 경기도의 한 농가에 자연체험을 하러 갔다. 플라나리아를 관찰하러 산속 계곡으로 걸어가는데, 길가에 작고 까만 베리 열매가 열린 나무가 보였다. "선생님! 이 열매 먹어도 돼요?" 누군가 소리쳤다. 선생님은 그 나무가 뽕나무라는 나무이고 열매는 오디라고 부른다고 일러주며, 한 사람당 하나씩만 먹자고 했다.

우리는 신나서 열매를 따 입에 넣었다. 오돌토돌한 열매를 씹으니 살짝 단맛이 돌았다. 그러나 맛보다 인상 깊었던 건 까매진 우리 혓바닥이었다. 까만 혓바닥을 보고 서로 놀리며 숲길을 지나던 어린 시절. 그 후로 베리 형태의 열매를 볼 때마다 나는 뽕나무를 떠올린다.

식물에 대해 기록하는 게 일이다 보니 기록물에 관심이 생긴 나는, 오래전부터 식물 고서를 모아왔다. 언젠가 다녀온 고서점에서는 우연히 1949년 우리나라 문교부에서 발행한 『뽕나무 가꾸기』라는 책을 발견했다. 손으로 쓴 듯한 표지 제목 아래에는 흑백 뽕잎 그림이 그려져 있었다. 투박해 보이지만 정성스레 그린 그 그림이 나는 참 마음에 들었다. 무엇보다 식물 연구가 어려웠던 그 시절에 뽕나무만을 다룬 책이 출간되었다는 점이 놀라웠다. 뽕나무가 당시 얼마나 중요한 식물이었는지를 알 수 있었고, 표지의 잎 그림은 뽕나무의 여러 기관 중에서도 잎이 가장 유용했음을 의미했다.

뽕나무 잎은 누에를 치기 위한 사료로 쓰였다. 뽕잎이 귀하다 보니 잎이 크게 나도록 오래된 나무 대신 어린 나무를 반복해 심는 일도 있었다. 1970년대까지만 해도 이렇게 뽕나무를 키우며 누에를 치는 농가가 많았으나 내가 태어난 1980년대 중반 들어서는 누에 농가가 거의 사라졌다.

만약 오늘날 『뽕나무 가꾸기』 같은 책이 출간된다면 잎 그림이 있는 자리에는 분명 잎 대신 오디 열매가 그려질 것이다. 지금은 누에 먹일 잎을 생산하기 위해서가 아니라 열매를 생과로 먹거나 약으로 쓰거나 즙을 내리거나 잼으로 만들어 먹기 위해 뽕나무를 기르기 때문이다.

2020년 나는 주요 약용식물을 그리면서 뽕나무속 중 우리 산에 자생하는 산뽕나무를 관찰했다. 우리나라에서 볼 수 있는 뽕나무는 여덟 종 정도인데, 산뽕나무를 포함해 돌뽕나무, 몽고뽕나무, 섬뽕나무, 가새뽕나무, 꼬리뽕나무 등 여섯 종은 산과 들에 자생한다. 우리가 알고 있는 그냥 뽕나무와 처진뽕나무는 누에에게 먹이거나 오디 열매를 약용·식용하기 위해 오래전부터 심겨온 종이다.

산뽕나무는 뽕나무와 닮았지만 잎끝이 유난히 길게 뾰족하고 암술머리는 둘로 갈라져 있다. 멀리선 하나인 것 같았던 암술머리가 둘로 갈라진 걸 보고, 그림을 그릴 때마다 나는 어떤 희열 같은 걸 느꼈다. 자세히 보았을 때만 발견할 수 있는 특징을 기록할 때 느끼는 나만의 기쁨이었다. 산뽕나무는 자생하기에 아무래도 뽕나무보다 약으로 더 귀한 취급을 받는다고 했다.

식물을 그리다 보면 내가 그리는 이 종이 속한 가족을 모두 그려 하나의 컬렉션을 완성하고 싶다는 생각이 들기 마련이다. 어쩌다 진노랑상사화와 위도상사화를 그리다 보면 이참에 우리나라에 자생하는 상사화속 식물 기록을 완성하고 싶어지고, 제비꽃을 그리다 보면 제비꽃속 식물의 다양성에 매료되어 더 많은 제비꽃을 관찰하고 싶어진다. 하지만 이런 기록이 꼭 필요하다는 생각을 하면서도, 한편으로 그 많은 식물을 그리려 드는 게 경계해야 할 욕심은 아닌지 자문하게도 된다. 기록이란 것도 자연이 허락할 때 가능한 것이기에.

Morus australis Poir.

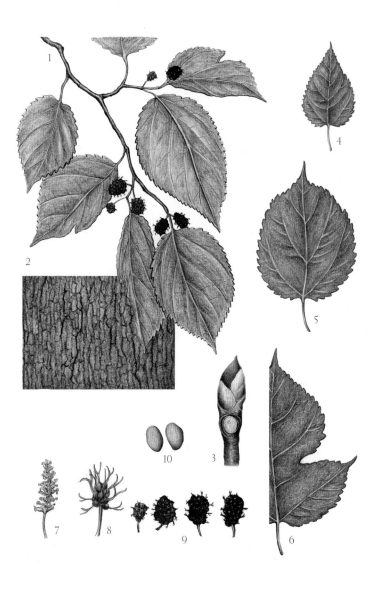

산뽕나무는 산에 사는 뽕나무여서 산뽕나무라는 이름이 붙었다. 번호순으로
열매가 달린 가지, 수피, 겨울눈, 잎(4~6: 산뽕나무 잎은 변이가 다양한데,
뽕나무보다 잎끝이 길고 뾰족한 것이 특징이다), 수꽃, 암꽃, 열매, 씨앗.

그러나 요즘은 종종 자연이 서둘러 더 많이 기록하라며 내 등을 떠미는 듯한 느낌이 들기도 한다. 2020년 7월 말, 상주 두 곡리 뽕나무가 천연기념물 559호로 지정된 지 5개월 만에 집중 호우로 일부 훼손되었다는 소식을 접했다. 그간 계속돼온 산불과 벌목, 공기와 물의 오염은 자연의 순환과 질서를 깨뜨릴 만큼 강력한 것이었고, 멀쩡하던 천연기념물 뽕나무의 나뭇가지도 그 여파를 견디지 못한 것이다. 우리는 나무가 살아온 긴 시간과 큰 키를 보며, 앞으로도 그들이 강하고 끈질긴 생명력을 유지할 수 있을 거라고 착각하는 듯하다. 그러는 사이 전 세계 곳곳에서 산사태와 방사능 유출, 지진 등으로 수백 년 된 나무들이 죽어가고 있다.

요즘 나는 마음이 유난스레 다급해졌다. 우리 곁에 있는 식물들이 사라지기 전에 기록을 해야겠다는 다짐 때문이다. 코로나19 때문에 이곳저곳을 다니기 어려워지고, 장기간의 집중호우 같은 기상이변 때문에 식물이 해를 입는 것을 지켜보며, 시간을 두고 천천히 식물을 기록하고자 했던 계획을 좀더 서둘러야겠다는 생각이 들기 시작했다. 이미 벌어지고 난 후엔 돌이킬 수 없고, 사라지고 난 후엔 기록할 수 없다는 것을 경험을 통해 알게 됐기 때문이다.

뒷산의 아까시나무

어릴 적 우리 집 뒤엔 관악산이 있었다. 주말이면 아버지는 어린 나를 데리고 산에 올랐다. 너무 어릴 때의 기억이라 그저 관악산에 자주 갔었다는 것, 아버지 손을 잡고 내려오던 산길에서 그윽한 꽃향기가 났었다는 것만 기억 속에 어렴풋이 남아 있다. 그 산에서 동그란 잎이 여럿 달린 나뭇가지를 많이 보았다는 것도. 다른 곳으로 이사 가기 전까지 우리 가족은 종종 그 산에 올랐다.

부모님은 내가 기억하는 그 나무가 아카시아라고 가르쳐주었다. 우리가 먹는 꿀이 바로 이 아카시아꽃에서 난다는 것까지. 그땐 왜 그렇게 산에 아카시아가 많은지 궁금했지만 굳이 묻지 않았다. 그저 아주 오래전부터 이곳에 살아왔으려니, 생물에게서 존재 이유를 찾는 것은 의미 없다 생각했다. 아카시아라는 이름에 대해서도 의문을 품지 않았다.

대학에서 수목학 수업을 들으며 나는 아카시아에 대한 새로운 사실들을 알게 됐다. 1900년대 초부터 1970년대까지 전후 황폐해진 우리 산을 복구하기 위해 자라는 속도가 빠른 아카시아를 심었다는 것을. 무엇보다 그 나무의 이름이 사실은 아카시아가 아닌 아까시나무라는 것도.

아까시나무. 관악산을 뒤덮고 있던 그 향기로운 꽃나무는 아까시나무였다! 아카시아의 진짜 이름이 아까시나무였다는 사실은 꽤나 큰 충격이었다. 수업이 끝나고 나는 아버지에게 문자를 보냈다. "관악산에 많던 그 나무 이름, 아카시아가 아니라 아까시나무예요!" 흥분해 문자를 보냈는데 아버지는 "알겠다"는 대답뿐이었다. 왜 언제나 내 주변에선 식물에 관한 이 엄청난 사실들을 나 말고는 아무도 놀라워하지 않는 거지?

아까시나무와 아카시아는 둘 다 콩과이긴 하지만 우리 산에 많은 아까시나무는 흰 꽃을 피우는 북아메리카 원산 식물이고 아카시아는 노란 방울 모양 꽃을 피우는 오스트레일리아·아프리카 원산 식물이다. 요즘 플라워디자인에서 절화로 많이 이용하는 미모사나무가 바로 이 아카시아속 식물 중 하나다.

이름부터 잘못 불려온 아까시나무는 1891년 우리나라에 처음 들어와 한 세기 넘게 이 땅에 사는 동안, 다른 식물들에 비해 유난히 많은 오해와 편견 속에 지내왔다. 해방 이후 우리 산은 나무가 없이 흙만 보인다고 붉은 산이라 불렸다. 그런 산에 1970년대까지 생장 속도가 빠른 아까시나무가 식재됐다. 그러다 1980년대 이후에는 일제의 잔재라거나, 다

아카시아의 한 종인 은엽아카시아.
아까시나무와 같은 콩과이지만
전혀 다른 식물이다.

른 식물의 생육을 방해한다거나, 뿌리가 관을 뚫고 들어간다는 등 근거 없는 이유로 한동안 우리 숲에 유해한 나무로 인식되어 왔다.

하루는 산림청 직원을 대상으로 강의할 일이 있어 직원들과 만나 조림 사업에 관한 이야기를 나누었다. 요즘 아까시나무 향기가 참 좋다는 이야기를 꺼냈더니, 직원분은 아까시나무에 대한 오해를 안타까워하며 한풀이처럼 말을 쏟아냈다. 일제 식민 정신을 새기기 위해 심은 식물도 일본 원산도 아니고, 세계적으로 관상용이나 조림용으로 많이 식재된 종이라고. 다른 나무의 생육을 방해한다는 것도 잘못된 이야기라고. 아까시나무는 햇빛을 좋아해 이미 다른 나무들이 숲을 이룬 곳은 들어가지 못한다. 콩과식물에 있는 뿌리혹박테리아는 오히려 땅에 질소를 공급해 토양을 비옥하게 만든다. 뿌리도 땅속 깊숙이 파고들기보다는 얕게 옆으로 퍼져나가기 때문에 관을 묻는 깊이까지 들어가지 못한다. (그러니 관이 뚫릴까 걱정할 필요도 없다.) 오히려 왕성하게 자란 뿌리가 토양을 잡아주어 산사태를 막아주는 역할을 한다.

아까시나무는 꿀을 만드는 밀원식물이다. 우리나라에서 생산되는 꿀의 80퍼센트가 아까시나무 꿀인데, 그동안의 오해로 개체 수가 줄면서 양봉업계도 위기를 겪었다고 한다. 산림청은 이런 사실을 깨닫고 2016년부터 아까시나무 조림 사업을 다시 시작했고, 아까시나무의 효용을 사람들에게 알리는 데도 힘쓰고 있다. 그래도 사람들의 인식을 바꾸기가 어렵다며, 어딘가에서 꼭 아까시나무에 대해 이야기할 일이 있으면 꼭 이런 이야기를 전해달라는 부탁까지 했다. 원산지에서 먼 이곳까지 온 아까시나무는 왜 그토록 긴 시간 루머 속에서 살아야 했던 걸까?

어릴 적 '우리 강산 푸르게 푸르게'란 광고 문구를 본 적이 있다. 어찌 보면 아까시나무도 푸르른 우리 강산의 주역 중 한 종인 셈이다. 산에서 그윽한 향기를 맡는다면, 어여쁜 꽃이나 싱그러운 잎이 가득 달린 나뭇가지를 만난다면 한 번쯤 생각해보면 좋겠다. 이 나무는 누가 언제 심었는지, 어떻게 이곳에서 살게 되었는지, 이 자리에서 이만큼 살기까지 어떤 시간을 보냈는지. 우리 뒷산의 푸르름은 결코 저절로 생겨난 것이 아니다.

Robinia pseudoacacia L.

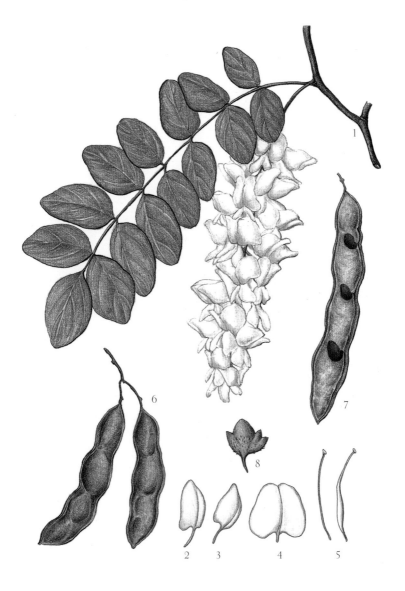

우리 산에 많은 아까시나무. 북아메리카 원산으로 생장 속도가 빨라
한국전쟁이 끝난 1960~1970년대 황폐해진 산에 조림수로 많이 심었다.
번호순으로 꽃이 달린 가지, 꽃잎(2~4), 암술, 열매(6~7), 씨앗.

봄의 향기

감상에는 다양한 방법이 있다. 눈으로 관찰하거나, 만져서 촉감을 느끼거나, 맛을 보거나 혹은 소리를 듣고 감지하거나, 냄새를 맡거나. 식물을 느끼는 방법도 마찬가지다. 식물을 그리는 나는 눈으로 형태를 감상하는 게 보통이지만 그 외에도 여러 방식으로 식물을 감각한다.

허브 농장에 갔다가 한련화를 관찰하면서 나도 모르게 옆에 식재된 램스이어의 잎을 오랫동안 만지작거리고 있었다는 걸 알고 놀란 적이 있다. 보송한 털로 뒤덮인 램스이어는 치명적인 부드러움을 가졌다. 마치 친구의 고양이처럼. 그의 집에 가면 식탁에 앉아 이야기를 할 때나 휴대전화를 만질 때나 무엇을 하든 다른 한 손으로 고양이 등과 배를 계속 만지작거리곤 한다. 그 모습을 본 친구는 내게 고양이 만지러 오는 거냐고 물으며 알겠다는 듯 웃는다. (그 말이 맞을지도 모르겠다.) 나는 작업실에서도 쉬는 시간마다 우리 강아지를 만진다. 늘 식물을 관찰하다 보니 좋은 것을 보고자 하는 시각적 욕구는 충족되나, 그에 반해 촉각

욕구는 충족될 일이 많지 않아서일까?

한편 식물을 미각으로 느끼는 것도 즐겁고 재미있는 일이다. 봄이 되면 피어나는 들풀의 잎은 그 식감과 맛이 종마다 뚜렷하게 다르다. 나는 매년 봄이 되면 가족들과 작업실 근처 좋아하는 나물 식당을 찾아 한 상 가득 올라온 나물을 나눠 먹는다.

식물이 내뿜는 향으로도 그들을 느낄 수 있다. 길을 걷다 진한 꽃 냄새에 주변을 둘러보게 될 때가 있다. 달콤하면서도 낭만적인 냄새의 발원지를 찾으려 두리번거리다 보면 근처에는 꼭 보랏빛 원뿔형 꽃이 가득 핀 나무가 있다. 라일락이다. 라일락은 '향기'라는 말이 늘 뒤따라올 정도로 꽃향기가 깊고 진하기로 유명하다.

식물이 향기를 내뿜는 건 휘발성 유기화학물질 때문인데, 그 안에 든 복잡한 혼합물이 배출되며 고유의 냄새가 된다. 수수꽃다리속 식물을 총칭하는 라일락은 라일락 알코올Lilac alcohol과 라일락 알데히드Lilac aldehyde라는 성분이 있어, 다른 식물들에서는 맡을 수 없는 특유의 향기를 낸다. 이렇게 식물마다 혼합물도 모두 다르고, 그 양도 다르기 때문에 뿜어내는 향의 종류와 농도도 제각각이다. 물론 우리 코가 강하게 감지하는 특정한 냄새가 있을 수는 있지만, 그건 큰 공헌을 하는 분자의 영향일 뿐 어떤 꽃의 냄새도 단일 화합물에서 나오는 경우는 없다.

장미는 특유의 깊고 강한 향을 내뿜는다. 장미를 꽃병에 꽂아 두면 왜 이 식물이 압도적으로 가장 많은 사랑을 받는 절화인지 이해가 된다. 장미 품종 중에는 프랑스어 이름을 가진 것이 많은데, 프랑스가 장미 연구에 앞장서 다양한 프랑스 원산 장미 품종을 개발했기 때문이다. 프랑스에서 장미 연구가 활발했던 이유로는 장미가 향수의 재료로 많이 이용되었다는 점도 꼽을 수 있다. 프랑스를 배경으로 한 소설 『향수』에서 주인공 장 그루누이는 그 향을 담아두기 위해 장미꽃을 어루만지고, 옮기고, 오일 추출 기계에 넣는다. 장미에는 장미 케톤Rose ketones이라 불리는 화합물과 게라니올Geraniol, 네롤Nerol, 시트로넬롤Citronellol, 파르네졸Farnesol 등 장미에만 있는 화합물이 미량 포함되어 있고, 이 분자들은 다 함께 화학반응을 일으켜 비로소 우리가 늘 맡아온 장미 향을 낸다. 네 가지 분자 가운데 어떤 분자가 더 들어가거나 덜 들어갈 순 있지만 하나라도 없으면 온전한 장미 향을 낼 수 없다.

작디작은 꽃 한 송이가 다양한 화합물의 화학반응으로 멀리까지 향기를 내뿜는 건 당연하게도 우리 인간을 즐겁게 하기 위한 게 아니다. 늘 그렇듯 꽃향기도 식물의 생존 전략 중 하나다. 수분을 도울 벌과 나비 등 작은 동물들을 멀리에서부터 불러들이기 위한 '유혹의 방편'인 것이다. 종마다 수분을 돕는 동물도 모두 다르기에, 식물들은 각자 필요한 동물이 좋아할 만한 향기를 내뿜는다.

물론 꽃에서만 향기가 나는 건 아니다. 우리가 흔히 먹는 열매인 오렌지나 레몬, 라임에선 특유의 새콤달콤한 향이 풍부하게 난다. 이들은 모두 시트러스속 식물이다. 나는 식물의 향기 가운데 시트러스 향을 (계수나무 향 다음으로) 가장 좋아한다. 두통이 잦은 내가 향 제품을 구입할 때 유일하게 찾는 향기다. 시트러스는 장미와는 다르게 꽃이 아닌 열매에서 오일을 추출해 향을 이용하는데, 열매에서 향이 나는 이유 또한 장미꽃에서 향이 나는 이유와 비슷하다. 궁극적으로는 번식을 위해서다. 이들은 새콤달콤한 향기와 맛으로 열매를 먹도록 동물을 유혹한다. 냄새를 맡고 찾아온 동물들은 맛있는 과일을 먹고 그 씨앗을 배설물로 배출해 멀리까지 퍼뜨려준다. 나는 시트러스의 유혹에 이끌린 동물이다.

라일락 나무 아래서 꽃향기를 맡으며 킁킁대는 사람들을 볼 때, 연인에게 받은 장미꽃 다발에 코를 갖다 대고 향기를 맡는 이를 볼 때, 나는 우리 인간 역시 식물에 매개하는 한 종의 동물임을 실감한다. 비록 식물이 우리만을 위해 향을 내뿜는 것은 아니지만, 어쩔 수 없이 그 향에 이끌리는 우리 역시 벌 나비와 마찬가지로 동물일 뿐이다. 식물에게는 실상 번식에 도움이 되지 않는.

그런데도 나는 여전히 식물 향 맡는 것을 즐긴다. 향기는 내가 더 많이, 더 자주 맡는다고 닳거나 사라지는 게 아니기 때문이다. 식물을 보존하기 위해 그림으로 기록한다고 하지만, 관찰과 기록의 대상이 되는 개체를 채집하는 일을 피할 수 없는 나는 늘 죄책감을 느낀다. 내가 할 수 있는 건 채집을 최소한으로 하기 위해 노력하는 것뿐이다. 하지만 향기를 맡는 일에는 그런 죄책감이 따르지 않는다. 그러니 우리는 철마다 길가의 식물들이 내뿜는 다채로운 향기를 아낌없이 즐거이 맡아주면 된다.

봄나물 반찬을 먹으며

벚꽃이 진 자리에 난 연두색 어린잎이 봄바람에 하늘하늘 흔들리는 계절, 따사로운 햇빛을 반사하는 잎에 눈이 부시는 계절이면 도심에 사는 친구들은 봄 식물을 보러 나를 찾아온다. 식물을 가까이에서 오래도록 지켜보고 싶어 경기도 외곽에 작업실을 둔 탓에 친구들을 자주 못 만나는 처지이지만, 그나마 식물 덕에 나도 이따금 반가운 이들을 만날 수 있다.

우리는 근처 국립수목원을 한 바퀴 산책하고, 자연사박물관을 가고, 동네 작은 농가에서 재배한 농산물을 파는 로컬푸드 상점에도 들른다. 친구들은 이 여정을 일명 '일일 식물 여행'이라 부른다.

마지막엔 내가 좋아하는 산 중턱 작은 식당에 가서 밥을 먹는다. 특별할 것 없어 보이는 평범한 한정식집이지만 뒷마당에는 온갖 채소가 자라는 텃밭이 있고 앞마당에선 언제나 돗자리에 잘게 썬 무와 고추를 말린다. 반찬으로는 계절에 따라 여러 종류의 나물이 나온다. 식탁 위엔 언뜻 보면 다 똑같이 생긴 녹

66

색 잎이 접시마다 담겨 있다. 함께 간 친구들은 젓가락을 들었다 놓았다 하며 맛을 보다가 내게 이게 무슨 나물이냐고 묻는다. 그럼 나는 "이건 방풍나물이야" 대답하며 방풍나물은 어떤 꽃을 피우는지, 열매는 어떻게 생겼는지 말해준다. 우리는 그런 식물이 이런 맛을 내는구나 이야기하면서 밥을 먹는다. 일일 식물 여행은 그렇게 식사 시간까지 이어진다.

언젠가 식물학자인 동료들과 출장을 갔다가 들른 식당에서 초록색 나물 반찬이 나왔다. "이거 시금치나물인가 봐." "아냐, 맛은 그런데 잎 식감이 참나물인 것 같아." "시금치 맞는데?" 의견을 나누던 중 누군가 진지하게 말한다. "잎 좀 펴봐. 식별해보자." 우리는 접시에 쭈글쭈글 말려 있던 잎을 고이 펴서 그 식물이 참나물임을 확인했다.

내게는 동료들의 이런 행동이 참 귀엽게 느껴진다. 나 역시 다른 곳에서 울릉산마늘(명이나물)을 먹으며 울릉도에서 보았던 꽃의 형태를 떠올리다 울릉산마늘이 속해 있는 알리움속 식물을 연구하는 분에 대한 이야기까지 하게 된다.

어느 분야나 그렇겠지만 식물 공부가 재밌는 이유도 바로 이런 게 아닐까? 언제 어디서든 식물을 접할 수 있다는 것. 밥을 먹을 때에도, 길을 걸을 때에도, 마트나 시장에 가서도 나는 눈길 닿는 곳곳에서 공부할 대상을 만날 수 있다.

하루는 미팅 겸 식사 약속이 있어 서울 도심의 한 식당에 갔다. 직원이 식탁 위에 차려진 반찬들을 가리키며 재료를 설명해주었다. "이건 어수리나물 무침이에요."

어수리. 그림으로 그렸던 식물이라 내게도 익숙한 이름이다. 임금님 수라상에 올라 '어수리'라는 이름을 얻은 이 식물은 어린 잎을 데쳐 나물로 먹는다. 향기가 독특하고 식감이 좋아서 나물

Heracleum moellendorffii Hance

어린잎을 데쳐 나물로 무쳐 먹는 어수리. 향기가 독특하고 식감이 좋아
밥이나 국에 넣어 먹기도 한다. 최근에는 약용 효과에 대한 연구도 활발히
진행 중이다. 번호순으로 잎이 달린 가지, 꽃차례, 수술, 씨앗(4~5).

로뿐만 아니라 국이나 밥에도 넣어 먹는다고 했다. 내가 그림으로 그렸던 개체는 경북 영양 일월산 자락에서 자란 어수리였는데, 영양에서 난 어수리가 전국에서 품질이 가장 좋은 편이라고 했다. 어수리는 식탁 위 반찬이기도 하지만 한방에서는 귀한 약재가 되기도 한다. 혈압을 내리고 중풍이나 두통, 진통을 완화하는 데 이용되어왔다. 물론 나는 우리가 주로 이용하는 잎뿐만 아니라 꽃과 열매도 함께 그렸다. 맛도 좋은 데다 단아하고 아름다운 흰 꽃까지 피우는 식물.

어수리만 그런 게 아니다. 식탁 위에 올라온 두릅, 냉이, 쑥, 유채, 민들레 모두 아름다운 꽃을 피우고 열매를 맺는다. (물론 고사리는 예외다. 고사리는 꽃을 피우지 않고, 포자로 번식하는 양치식물이다.) 나는 식탁에 차려진 봄나물들을 보면서 이들의 꽃과 열매를 떠올렸다. 보랏빛으로 익어가는 동그란 두릅나무 열매와 5월 한강변을 노랗게 물들이는 유채꽃, 길에서 만나는 하얀 냉이꽃과 노란 서양민들레꽃. 우리는 어수리와 두릅, 유채를 먹는 것이 아니라 이들 생애의 한순간을 맛보는 것이다.

몇 년 전부터 그리고 있는 우리나라 약용식물의 상당수는 식탁에 오르는 나물이었다. 나는 가을과 겨우내 그림을 그리면서 이듬해 봄이 오면 나물을 많이 먹어야지 생각하곤 했다. 아침에는 쑥국에 돌나물 물김치를 먹으며 생각했다. 누가 심지도 않았는데 스스로 뿌리를 내리고 잎을 틔운 풀이 아침 식탁에 올라 맛있는 반찬이 되어주고, 또 귀한 약이 되어주고, 몸을 씻는 비누와 얼굴에 바르는 화장품이 되어주다니. 이보다 놀라운 발명이 있을까?

선배와 작약

식물세밀화를 그리다 보면 식물도 다양하게 만나지만 사람도 수없이 만난다. 식물 기록을 필요로 하는 식물학자부터 제약회사나 화장품회사의 디자이너와 연구원, 요리사나 한의사처럼 식물을 활용하는 분야의 사람들까지. 식물을 관찰하느라 늘 숲에서 고요히 지내는 나도 아주 가끔은 사람이 고플 때가 있기 마련이라, 그렇게 일로 만난 이들과 식물에 관한 이야기를 나누는 것을 꽤 즐기는 편이다.

우리는 서로 다른 이름으로 식물을 부른다. 식물은 한의사에게 약재, 요리사에게는 식재료, 화장품회사 연구원에게는 원료, 아로마 세라피스트에게는 오일이다. 나에게는 언제나 '그릴 대상' 혹은 '숙제'였던 것 같다.

식물을 연구하는 학자들에게서도 제각각 다른 시선을 찾아볼 수 있다. 수목원에 있을 때 내가 일하던 표본관에는 분류학자와 생태학자, 원예학자 등이 있었다. 이들은 멀리서 보면 다 같은 식물학자로 보일지 모르지만, 사실 전혀 다른 시선에서 식물을 바라보고 연구한다.

화단에 핀 장미 사진을 찍더라도 분류학자는 자신도 모르게 꽃자루 길이나 꽃받침에 난 털 등 분류키에 집중한 클로즈업 사진을 찍는 반면, 원예학자·원예가는 주로 관상하는 꽃을 위나 옆에서 포커스를 잡아 찍고, 조경가는 식물이 식재된 정원과의 조화를 중심으로 프레임을 넓게 잡아 찍는다. 동료들이 찍은 사진을 죽 보고 있으면 누가 어떤 사진을 찍었는지 대략 알 수 있었고, 나는 그 각양각색의 시선에 늘 감동했다. 모두가 같은 시선에서 같은 데이터를 수집하는 것이 아니라, 각자가 맡은 역할에 충실한 시선으로 식물을 대하는 사람들. 그렇게 식물을 바라보는 눈은 더 세밀하게 쪼개지고 깊숙해진다.

얼마 전 강의하러 간 학교 화단에서 어떤 품종인지 모를 진분홍색 작약을 보았다. 12년 전 수목원에서 만난 식물세밀화가 선배가 떠올랐다. 동양화를 전공한 후 우연찮게 식물세밀화가의 길을 걷게 되어 국립수목원에서 일하던 사람. 내가 수목원에 처음 들어갔을 때, 선배는 1년 차 식물세밀화가로 일하고 있었다.

같은 식물세밀화실에서 일하며 우리는 급속도로 친해졌다. 끝나고 함께 밥을 먹기도 하고, 주말에는 전시를 보러 가기도 했다. 선배와 대화를 나누며 회사에서 받은 스트레스를 풀기도 하고, 그림을 그리다가 막히는 게 있으면 조언을 구하기도 했다. 선배는 늘 "넌 알아서 잘하니까 앞으로도 열심히 해봐"라며 나를 응원해주었다.

그렇게 함께 일한 지 1년이 지나 선배는 수목원을 그만두었다. 대학원에서 미술교육을 더 공부하고 싶어했고, 결혼을 앞두고 있기두 했다 선배는 식을 올리고 이듬해 아이를 낳았다. 그동안 나도 수목원에서 나와 작업실을 차리고 혼자 일하게 되었다.

우리는 이런 변화 속에서도 종종 연락하고 만났다.

나는 매년 봄이 오면 피어나는 작약을 보며 선배 생각을 한다. 처음 만났을 때 그는 작약을 그리고 있었다. 우리나라에서 자생하는 작약속 식물에 관심이 많아 주말에도 작약을 관찰하러 다녔고, 표본관에서 작약 자료를 부지런히 수집하기도 했다. "작약 좋아해? 우리나라 옛 그림에 작약이 많이 등장하는데 나는 수목원에 오기 전까지 이렇게 작약이 다양한지 몰랐어. 난 식물 중에 작약이 제일 좋더라." 선배는 말했다.

언젠가 그는 참작약을 다 그리고 백작약을 관찰하고 있다며, 언제가 될지 모르겠지만 언젠가는 꼭 우리나라에 자생하는 작약속 식물 기록을 완성하고 싶다고 말했다. 그러나 그의 기록은 10년째 멈춰 있다.

선배는 결혼 후 남편의 사업을 도와야 했고, 태어난 아이를 돌봐야 했다. 가끔 짧은 통화를 나누면 그는 "나도 얼른 다시 작업 시작해야 되는데……" 하고 말하지만, 나는 그게 쉽지 않은 일이라는 걸 잘 안다. 식물을 그리는 일은 늘 우선순위에서 밀려나기 마련이다. 게다가 선배의 작약 기록은 따로 마감이 있는 일도, 바로 수익이 창출되는 일도 아니다. 그저 세월에 묻혀 하염없이 미뤄지기 쉬운 일이다.

수목원에서 식물세밀화를 그리던 나와 선배는 점심 시간에 함께 산책을 자주 했다. 언젠가 전시원의 호수를 바라보며 나는 선배에게 물었다. "10년 후에 우리가 여기 다시 온다면 어떤 기분일까요?" 선배는 대답했다. "나 그때 돼서 여기 다시 오면 눈물 날 거 같아. 울 것 같아."

그 말이 어떤 의미였는지는 잘 모르겠지만, 나 역시 지금 선배와 다시 그때 그 자리에 간다면 눈물이 날 것 같다. 어리고 자유로웠으며 그래서 불안하고 고단했던 시절의 우리가 그리워서, 또 지금 우리의 모습이 약간은 서글프기도 해서.

나는 선배가 다시 연필과 루페를 손에 들기를 꿈꾼다. 그때까지는 굳이 작약을 기록하지 않을 것 같다. 작약이란 식물의 기록은 선배의 그림으로 완성되어야 할 것 같아서.

흰 꽃이 피는 백작약. 전국 산지에 분포하지만 자생지가 드물어 보전이 필요한 희귀식물이다.

자세히 들여다보면

나는 그림을 그리며 틈틈이 식물세밀화 교육을 한다. 그림 작업
시간이 워낙 빠듯한 데다 주主와 부副가 바뀔까 싶어 이 일을 자
주 하지는 않지만, 꼭 필요하다 싶을 때는 수락하는 편이다. 대
개는 대학교의 식물 관련 전공자를 대상으로 한 경우가 많고, 그
밖에 식물세밀화에 관심 있는 일반 대중이나 초·중·고등학생, 그
리고 이들을 지도하는 선생님들도 세밀화 수업을 듣는다.

2017년에는 한 대학 원예학과 학생들을 대상으로 식물세밀
화 강의를 했다. 나 역시 원예학을 공부했지만 원예란 대체로 화
려한 재배식물을 다루기 때문에, 이 수업에서만큼은 주변에서
흔히 볼 수 있는 자생식물을 관찰할 수 있도록 교정의 들풀을 그
리게 했다.

햇볕은 따뜻하고 바람은 선선한 4월, 캠퍼스의 잔디밭과 화
단에는 봄꽃과 연둣빛 풀잎이 한창 자라나고 있었다. 그중에는
클로버라고 불리는 토끼풀이 유난히 많았다. 토끼풀은 햇볕이
잘 드는 곳이라면 어디에서든 볼 수 있는 유럽 원산의 귀화식물

74

Trifolium repens L.

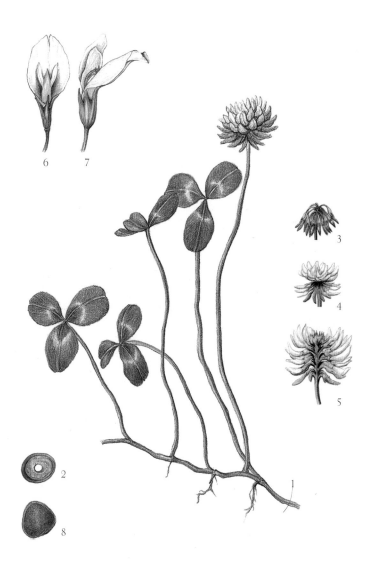

클로버라고도 불리는 토끼풀은 여러 꽃송이가 하나를 이루는 형태로 꽃을
피워서, 아직 피지 않은 꽃송이와 활짝 핀 꽃송이가 꽃 하나에 동시에 존재한다.
번호순으로 전체 모습, 줄기 단면, 꽃차례(3~5), 꽃(6~7), 씨앗.

이다. 유럽 원산이라고는 하지만 워낙에 적응력과 생명력이 강해 세계 곳곳으로 뻗어나간 식물. 그렇게 지천에 깔려 있으니 당연히 토끼풀을 그리겠다고 채집을 시작한 학생들이 있었다. 그중에는 꼭 행운의 네 잎 클로버를 찾아 그리겠노라며 허리를 구부리고 열심히 잔디밭을 뒤적이는 학생도 있었다.

하지만 네 잎 클로버를 그린 사람은 아무도 없었다. 네 잎을 발견하지 못해서가 아니라, 식물세밀화를 그리는 수업이었기 때문이다. 식물세밀화는 종의 가장 보편적이고 일반적인 형태를 그리는 기록물이다. 잎이 네 장 달리는 것은 일반적인 형태도 유전적 돌연변이도 아닌 일시적인 현상으로, 토끼풀은 세 개의 잎이 가장 흔하다. 식물세밀화를 그릴 때 '네 잎'은 보편적인 형태 관찰을 방해하는 요인일 뿐이어서, 행운도 의미를 잃는다. 대신 평범한 세 잎과 땅 표면을 기는 뿌리, 그리고 생식기관인 꽃이 피어나는 형태인 꽃차례花序에 무게 중심이 실린다.

학생들이 행운의 네 잎을 찾겠다고 밟고 지나다닌 토끼풀의 꽃은 식물세밀화를 그릴 때 가장 중요한 기록 기관이다. 이 꽃은 자세히 들여다보면 여러 개의 꽃송이로 이루어져 있고, 그중 한 송이를 떼어보면 마치 토끼 얼굴과 같은 형상을 하고 있다.

초등학교에 다니던 내게 아빠는 마당에 난 토끼풀을 보고 말했다. "이 풀은 토끼가 잘 먹어서 토끼풀이야." 토끼가 토끼풀을 먹는 모습을 보진 못했지만, 그렇다고 하니 그런가 보다 했다. 그런데 토끼 모양의 꽃송이를 관찰하면서 꽃이 토끼를 닮아 토끼풀일 수도 있겠다는 생각이 들었다. 토끼 모양을 한 꽃송이들은 한꺼번에 피고 한꺼번에 지지 않는다. 아래서부터 위로 순차적으로 피고 진다. 오랫동안 꽃이 피는 것처럼 보이게 해 수분을 도울 곤충을 더 많이 불러들이기 위한 방법이다.

한 송이의 꽃으로 알고 있던 것이 사실은 100여 송이의 꽃과 1000개의 수술로 이루어진 꽃다발이었음을 알게 되는 순간, 우리는 꽃 한 송이를 그냥 지나칠 수 없게 된다. 식물세밀화 수업은 이처럼 그림 기술을 익히거나 수술과 꽃잎의 개수를 학습하기 위한 것이 아니라, 식물을 자세히 들여다보는 경험을 통해 자연 현상을 이해하는 교육인 것이다.

토끼풀과는 전혀 다른 식물이긴 하지만 향신료로 쓰이는 딜을 그릴 때도 그랬다. 딜은 우리나라에선 그리 많은 사람이 찾지 않지만 유럽에서는 대부분의 요리에 들어간다고 할 정도로 익숙한 요리 재료다. 그림을 그리기 위해 찾아간 딜은 온실 한가운데서 새하얀 꽃을 피우고 있었다. 희미하고 가느다란 잎 사이사이에 복산형꽃차례*로 핀 노란 꽃은 마치 펜넬 꽃과도 비슷했다. 꽃까지 볼 수 있을 거란 기대는 없었는데 이왕 볼 수 있게 되었으니 꽃도 그려야겠다는 마음으로 더 가까이 다가갔다. 꽃에 손바닥을 대고 자세히 들여다보니 손바닥 안에는 지름 0.2센티미터도 되지 않는 작은 꽃 수백 송이가 저마다 네 개의 수술과 한 개의 암술을 내보인 채 만개해 있었다. 멀리서 꽃 한 송이라고 여겼던 것은 300여 개의 꽃이었다. 꽃 하나하나는 네 개의 수술과 다섯 장의 꽃잎, 한 개의 암술로 이루어져 있었다. 더 자세히 보니 꽃은 가장자리에서부터 피어 안으로 갈수록 봉오리를 맺고 있었다. 딜 잎만 이용하느라 이 치밀하고 세세한 꽃의 구조와 아름다움은 놓치고 살았다는 게 왠지 억울하게 느껴질 정도로 매혹적인 형태였다.

---

* 꽃대 끝에서 많은 꽃이 방사형으로 나서 끝마디에 꽃이 하나씩 붙는 산형꽃차례에서 다시 부챗살 모양으로 갈라져 피는 꽃차례로 미나리, 당근 등이 대표적이다.

식물세밀화를 그리지 않았다면 꽃과 수술의 개수를 일일이 헤아려보거나 자세히 들여다볼 일도 없었을 것이다. 나는 이 일을 하며 안을 들여다볼수록 더 넓은 세상이 펼쳐진다는 것을 깨달아간다. 특별하고 희귀한 존재가 아닌 평범하고 보편적인 존재의 가치와 아름다움도.

몇 년 전에 본 드라마 대사가 문득 떠오른다. "드라마에서나 주연, 조연이 있지. 우리가 사는 세상은 각자가 모두 주인공이야." 식물의 세상도 마찬가지다. 행운의 상징 네 잎 클로버나 향신료로 이용하는 딜 잎만 주인공인 게 아니다. 클로버에 보통의 세 잎과 수백 개의 작은 꽃이 있듯이, 평범한 기관들이 보편적인 규칙 속에서 자연이란 세상을 이루고 있다.

식물 그림을 본격적으로 그리기 시작한 지 벌써 12년이 지났고 나는 30대가 되었다. 20대 때는 나 자신과 식물에만 집중하느라 다른 무언가를 들여다볼 여유가 없었다. 내가 이 일을 평생 할 수 있을까? 내게 그럴 자격이 있는 걸까? 이런저런 생각으로 밤잠을 이루지 못했던 날들. 그때 내가 가진 것들은 하나같이 불안정했으며, 그래서 미래를 계획하고 공부하는 데 모든 에너지를 쏟고는 했다. 30대가 되어서도 크게 달라진 것은 없지만 늘어난 나이 숫자만큼 현실에 익숙해지고 안정을 찾으면서, 조금은 스스로를 들여다보고 주변을 돌아볼 여유가 생겼음을 느낀다. 네 잎 클로버를 보면서 확신할 수 없는 불투명한 목표를 좇느라 수많은 꽃송이와 같은 기회를 놓치고 있었던 건 아닌지, 지난날을 생각하며 스스로를 되돌아본다.

꽃이 피는 날

식물세밀화란 식물 한 종의 삶을 망라해 그린 해부도를 포함해 식물 연구에 필요한 그림을 총칭한다. 내가 그린 그림 중에는 도감에 들어가는 그림 외에 식물용어집의 해설 그림, 전공서에 들어가는 그림, 원예 교육을 안내하는 그림도 있었다. 2013년 봄에는 『기후변화 조사 매뉴얼』에 들어갈 그림을 그렸다.

식물은 환경 지표종이 따로 있을 정도로 환경에 예민하다. 당연히 기후변화의 영향도 크게 받는다. 기후변화에 의해 지금 이 순간에도 많은 식물의 개화·결실 시기가 급속도로 변하고 있으며, 일부 한대식물은 메말라 죽어가고 있다. 어디서나 볼 수 있는 흔한 소나무도 100년 후에는 설악산 인근에서만 볼 수 있을지 모른다는 연구 결과가 있다.

『기후변화 조사 매뉴얼』은 전국 각지 자생식물의 개화 및 결실 시기를 조사하는 연구원들에게 조사 내용을 어떻게 기록해야 할지를 안내하는 책이었다. 일반적으로 꽃이 피는 시기를 개화기, 열매가 맺히는 시기를 결실기라 한다. 식물의 개화와 결실 시기를 조사한다고 하면 언뜻 꽃이 피는 날짜와 열매가 맺히는 날짜를 조사하는 단순한 작업처럼 보이지만, 식물의 개화와 결실이란 게 그렇게 단순하지 않다.

꽃이 피는 데도 과정이 있다. 꽃봉오리가 맺히고 시간이 지나면 꽃잎이 조금씩 열린다. 꽃잎이 가장 많이 열린 상태를 '만개'라 하고 만개의 시간이 지나면 꽃잎은 다시 접힌다. 문제는 한 나무에서 피는 꽃들이 한꺼번에 봉오리를 맺고 꽃을 피우는 게 아니라는 사실이다. 그렇다면 나무에 꽃이 단 한 송이 피었을 때도 개화라고 할 수 있을까? 게다가 식물에 따라 꽃봉오리에서 꽃잎이 열리기까지 걸리는 시간도 제각각이어서, 반나절이 걸리는 식물이 있는가 하면 2~3주가 넘게 걸리는 식물도 있다. 꽃이 만개하는 데 오랜 시간이 걸린다는 것은 꽃잎이 열리는 속도가 더디다는 이야기다. 이런 식물의 개화일을 콕 집어 한 날짜로 확정할 수 있을까?

책에 식물 그림이 쓰인 이유가 여기에 있다. '개화' '개엽開葉' '결실' 등의 개념이 정확히 무엇인지를 설명하고, 구체적으로 제시하는 것이다. 가령 식물에 따라 차이가 있긴 하지만 한 개체에서 전체 꽃봉오리의 50퍼센트가 피었을 때(꽃이 다발인 경우에는 90~100퍼센트의 꽃이 피었을 때)를 개화라고 한다. 이런 개념을 구체적인 그림으로 안내하는 것이다.

수목원의 미선나무는 흰 꽃을 피웠다. 이들은 어느 해엔 3월에 꽃을 피우기도, 또 어느 해에는 4월에 꽃을 피우기도 했다. 꽃이 희고 작아 눈에 띄지 않을 것 같지만 이 계절에는 다른 모든 것이 흙빛이라 그 안에서 하얗게 피어난 꽃잎들이 유독 빛나 보인다.

진한 꽃향기와 함께 수목원에 미선나무 꽃이 피었다는 소문이 퍼지면, 직원들은 쉬는 시간에 그 꽃을 보러 미선나무 앞으로 모여들었다. 꽃 주위를 빙 둘러싸고 사진을 찍거나 가만히 들여다보며, 세계에서 우리나라에만 자생하는 이 나무를 모두가 애틋하게 바라보았다.

내 외장 하드에도 2009년부터 해마다 찍어둔 미선나무 꽃 사진이 있다. 중요한 종이니 언젠가는 그려야겠지 생각하며 기록해둔 것이다. 미선나무 꽃은 꽃잎이 보통 다섯 개이지만 여섯 개인 것도 있다. 암술은 한 개, 수술은 두 개다. 꽃을 자세히 들여다보면 개나리처럼 암술이 수술보다 긴 장주화長柱花와 짧은 단주화短柱花 두 가지 형태가 있다.

2020년에는 연분홍색 꽃잎의 분홍미선나무를 관찰하기 위해 꽃이 피기 시작하는 3월 말부터 수목원을 찾았다. 첫날, 분홍미선나무는 아직 봉오리도 맺지 않은 상태였다. 아쉬움을 뒤로하고 일주일 후 다시 그 분홍미선나무를 찾았다. 이번에는 작은 꽃봉오리가 보였다. 나는 사진을 찍고 스케일을 재고, 대략 스케치를 했다. 꽃봉오리가 열리기를 기다리며 3일 후 다시 그 나무를 찾았다. 그러나 봉오리는 그대로였다. 아직 꽃이 열릴 기미가 보이지 않았다.

그렇다고 분홍미선나무의 개화만을 기다릴 수도 없는 상황이었다. 미선나무가 꽃피는 계절은 봄꽃들이 한창 피기 시작하는 시기다. 앞다투어 피는 복수초와 깽깽이풀, 중의무릇, 제비꽃, 히어리, 생강나무…… 봄꽃들이 줄을 서서 나를 기다리고 있었다. 마감을 기다리는 다른 풀꽃들을 관찰하느라 나는 보름간 분홍미선나무를 찾지 못했다. 그리고 다시 그 나무를 찾았을 때, 꽃은 이미 다 져버린 후였다. 2주 새에 꽃이 다 피고 져버린 것이다.

2012년 채집했던 분홍미선나무.

　이럴 땐 운이 나쁘다고 상황을 자책하거나 후회해도 소용없다. 올해 분홍미선나무를 그리지 못하게 된 건 관찰할 자격을 못 갖추었던 것일 뿐이라고 마음을 다잡는다. 식물의 중요한 순간을 놓치는 것은 나도 어쩔 도리가 없는 일이다. 부지런하지 못했던 스스로를 반성하고, 내년을 기약할 수밖에 없다.

　식물들은 한꺼번에 꽃을 피우지 않는다. 사계절을 고루 나누어 겨울 숲의 고요를 깨는 복수초가 피면 그 뒤를 이어 얼레지, 바람꽃, 제비꽃, 길마가지나무, 미선나무 등 수많은 봄꽃이 꽃을 피운다. 한 개체에서 피는 꽃일지라도 위 가지부터 아래 가지로 순차적으로 개화하기도 한다. 한정된 매개 동물을 두고 식물끼리 경쟁을 피하기 위해 오랜 시간에 걸쳐 터득해온 삶의 지혜다.

꽃의 다양성이란 꽃 색과 형태, 향기만을 말하는 게 아니다. 꽃이 피는 시기도 다양하다. 그러나 기후변화로 이 질서와 규칙에 기반한 식물 다양성이 흔들리고 있다. 그래서 나는 언젠가부터 스케치에 날짜를 꼭 기록하고 있다. 2020년에 관찰을 놓쳤던 분홍미선나무는 2021년 3월 31일에 개화했지만, 10년 뒤 20년 뒤에도 여전히 봄에 꽃을 피울지는 모를 일이다. 내가 할 수 있는 일은 기후변화를 눈앞에 두고 식물의 개화와 결실 시기를 조사하는 연구원들처럼, 지금 내 눈 앞에 펼쳐진 자연 현상을 관찰하고 그림으로 기록하는 것뿐이다.

'등'이라는 이름의 쉼터

식물을 선물할 일이 있거나 빈 화분에 심을 식물이 필요할 때면 양재꽃시장에 간다. 관엽식물, 난과식물, 허브, 야생화, 분재, 알뿌리식물까지 우리나라에서 유통되는 거의 모든 식물을 한눈에 볼 수 있기 때문이다. 꽃시장이 워낙 넓다 보니 식물을 다 구경하고 나면 기운이 빠지는데, 그때마다 나는 경매장 옆 벤치에 앉아 잠시나마 휴식을 취하곤 한다. 그 벤치 지붕엔 등나무 덩굴줄기가 얽혀 있다. 봄이면 보라색 꽃송이가 풍성하게 달리기 때문에 지나가던 사람들도 이곳에 들러 사진을 찍는다. 식물을 실컷 구경하고 등나무 아래 벤치에 앉아 등꽃 향을 맡는 일은 5월 양재꽃시장에 가면 누릴 수 있는 호사다.

화단과 정원, 길가 등 도시 곳곳에는 관상을 목적으로 심긴 식물들이 있다. 그러나 사람들은 화사한 꽃이 피거나 특이한 열매를 맺는 게 아니면 이들을 잘 쳐다보지 않는다. 식물은 같은 자리에 늘 배경처럼 존재하기 때문이다. 하지만 등나무는 다르다. 꽃을 피우거나 열매를 맺는 시기가 아니더라도 한여름 더위

84

에 그늘이 필요할 때, 길을 걷다 갑자기 비가 쏟아질 때면 사람들은 등나무 아래로 모여든다.

덩굴식물인 등나무는 기둥을 타고 올라가 지붕을 덮는 형태로 자란다. 생장이 빠르고 추위에도 강하며 환경의 영향을 크게 받지 않는다. 잘 자라지만 까다롭지 않고, 아름다운 꽃을 피워 사람들의 눈길을 끌며, 덩굴성으로 자연 그대로의 느낌을 안겨주는 식물. 등나무는 사람들을 곁에 불러들이는 힘을 가졌다.

등나무속은 세계적으로 약 여섯 종이 분포하고, 우리가 도시에서 자주 보는 등나무는 플로리분다floribunda라는 종이다. 플로리분다 외에도 중국 원산의 시넨시스sinensis라는 종이 세계적으로 널리 심겼는데, 중국에 파견된 차 검사관 존 리브스에 의해 유럽으로 전해졌다고 한다. 세계에서 가장 오래된 식물학 잡지인 『커티스 보태니컬 매거진Curtis's Botanical Magazine』에는 당시 유럽으로 건너간 시넨시스 종의 첫 그림 기록이 실렸다. 시넨시스는 이 그림으로 유럽 사람들에게 소개되고 육성되면서 전 세계 정원으로 퍼졌다.

한창 꽃이 피기 시작한 등나무 아래서 길게 늘어진 꽃송이에 달린 보라색 꽃을 하나 떼어 자세히 들여다보니 꽃잎에 작은 형광 노란색 무늬가 보였다. 매개 동물에게 보내는 꽃의 신호로 추정된다. 시간이 지나고 꽃이 지면 등나무에는 열매가 열릴 것이다. 콩과식물이 그렇듯, 등나무도 긴 꼬투리에 씨앗이 여러 개 달리고 가을이면 이 꼬투리가 터져 씨앗이 나온다. 그래서 봄에는 화려하게 늘어진 꽃을 보기 위해 머리를 들어 위를 올려다보고 가을이면 땅에 떨어진 꼬투리와 씨앗을 보느라 고개를 숙이고 땅을 내려다본다. 등나무가 만들어내는 봄가을 풍경이다.

전라북도 무주군에는 특별한 공설운동장이 있다. 20여 년 전까지만 해도 사람들은 이곳을 잘 찾지 않았다. 안타깝게 여긴 군수는 주민들에게 왜 공설운동장을 이용하지 않는지 물었다. 주민들은 더워 죽겠는데 땡볕 아래 달궈진 운동장을 어떻게 가느냐고 답했다고 한다. 주민들의 이야기를 들은 군수는 등나무 그늘을 만들어야겠다는 아이디어를 냈고, 개보수를 맡은 정기용 건축가가 운동장 울타리에 등나무 240여 그루를 심었다고 한다. 생장이 빠른 등나무는 1년이 지나자 줄기와 잎이 풍성해졌다. 그사이 운동장도 전반적으로 손을 봤다. 그렇게 공설운동장은 '무주 등나무 운동장'이라는 이름으로 사람들에게 사랑받는 장소가 되었다. 나는 이 이야기를 참 좋아한다. 막대한 예산을 들여 새로운 건축물을 세우는 것이 아니라 나무를 심는 자연적인 방식으로 다시 사람들을 끌어들이는 장소가 되었다는 이야기.

도시 곳곳에서는 이미 건축물이 나무 그늘 역할을 대신하고 있다. 나무를 심는 대신 건축물을 세우는 데는 여러 이유가 있겠지만, 나무가 살아 있는 생물이기 때문에 감수해야 하는 것들도 그 이유 중 하나다. 식물이 있는 곳에는 곤충이 꼬일 수밖에 없고, 잘 자라도록 꾸준히 관리해주어야 하는 번거로움도 있다. 등나무가 아니더라도 그늘을 제공할 정도의 나무라면 수고樹高가 꽤 높아야 하는데, 사람들은 도시에 큰 나무를 심는 것을 꺼려한다. 양버즘나무와 느티나무도 키가 워낙 커서 간판을 가린다, 햇빛과 시야를 막는다는 민원을 자주 받는다. 새로 짓는 아파트들은 뿌리가 땅을 파고들어 건축물의 안전에 해가 된다는 이유로 큰 나무를 잘 심지 않는 추세다.

하지만 이런 변화가 뜻하는 바는 무엇일까? 도시에서는 시간

Wisteria floribunda (Willd.) DC.

봄이면 보라색 꽃을 풍성하게 드리우는 등. 긴 꽃송이는 아래로 처지면서
진한 향기를 내뿜는다. 우리나라에선 등나무, 참등, 왕등나무,
조선등나무라고도 부른다.

이 갈수록 잠시 쉬어 갈 나무 그늘을 발견하기가 어려워질 것이
다. 우리는 그렇게 또 하나의 자연을 잃는다.

식물을 좋아하는 방법

그려야 할 식물이 있어 집 근처 수목원에 다녀왔다. 봄이면 늘 나들이 온 관람객들 사이로 커다란 카메라를 든 채 봄에 피는 야생화를 찍는 사람들이 보인다. 그려야 했던 할미꽃을 관찰하고 수목원을 한 바퀴 도는데, 한 관람객이 전시원 울타리 안으로 들어가 풀 위에 몸을 누인 채 풀꽃 사진을 찍고 있었다. 그 광경을 보고 있자니 나도 모르게 당황한 표정이 지어졌다. 관람객은 나를 보고 황급히 일어나 밖으로 나왔으나, 그가 누웠던 자리의 풀은 일제히 시든 채 고개를 숙이고 있었다. 그곳은 우리나라의 희귀식물과 특산식물이 식재된 전시원이었다.

수목원에서 일할 때, 점심시간이면 나는 동료들과 산책을 자주 나갔다. 삼삼오오 모여 산책을 하며 점심시간을 만끽하는 30분 남짓한 시간 동안에도 꼭 한두 번은 관람객에게 "안에 들어가시면 안 돼요" "식물 꺾으시면 안 돼요" 같은 말을 해야 했다. 무엇보다 슬픈 건 이 관람객들이 며칠 전부터 예약까지 해서 경기도 외곽의 수목원으로 식물을 보러 온, 열정적인 식물 애호가들이란 사실이다. 동물을 좋아하는 사람들이 동물을 분양받고 유기하듯, 식물 역시 식물을 좋아하는 사람들에 의해 훼손되는 것을 지켜보며, 나는 줄곧 무언가를 좋아하는 마음에 대해 생각했다.

좋아한다는 말에는 늘 어떤 대상을 좋아하는지 목적어가 따라붙기 마련이다. 식물을 좋아하거나 동물을 좋아하거나 사람을 좋아하거나. 그리고 우리는 그 대상이 왜 좋은지를 생각한다. 편안하게 해주어서, 혹은 마음이 잘 맞아서. 여러 이유를 곰곰이 따져 '좋아함'을 합리화한다. 문제는 그 과정에서 대상을 '어떻게' 좋아해야 하는지는 생각하지 않는다는 것이다. 좋아하는 마음이면 모든 행동이 용인될 거란 착각. 모든 문제는 이 그릇된 방식에서 비롯된다.

나는 봄이면 향기로운 미색 꽃을 피우는 미선나무를 좋아한다. 특별히 눈에 띄게 아름답거나 유용한 식물은 아직 아니지만 전 세계에서 우리나라에만 자생하는 식물이라는 사실만으로도 소중하고, 그래서 기록의 책무를 갖게 되는 식물이다. 그런 미선나무가 처음 보고된 충북 진천의 자생지는 천연기념물로 지정되었다. 그러나 사람들의 무단 채취로 가치를 잃어 1969년 천연기념물에서 해제됐다. 수십 년 전 일이긴 하지만, 요즘도 산에서 야생화를 채취하거나 길가에 자란 식물을 삽으로 파서 집에 가져가는 사람들을 자주 볼 수 있다. 미선나무처럼 자생지가 훼손되는 일도 비일비재하다.

전 세계 식물 연구기관에서는 수집한 식물의 디지털 데이터를 온라인으로 대중에게 공개한다. 이때 자생지를 알아내 무단 채취하는 일을 미연에 방지하기 위해 표본 라벨의 위치 정보를 삭제하여 공유하는 것을 원칙으로 한다.

식물을 좋아하는 사람들이 그렇게까지 식물을 채취할까 싶겠지만, 산에서 자생식물을 보고 사진을 찍은 후 다른 사람들이 찍지 못하도록 식물을 밟아 죽이거나, 좋은 구도의 사진을 찍기 위해 식물을 뿌리째 뽑아 사진을 찍은 다음 가져가버리는 경우를 나는 수없이 봐왔다. 그들은 하나같이 말한다. "내가 식물을 얼마나 좋아하는데. 집에 가서 더 소중히 키워줄 생각으로 가져가는 거야."

자생지뿐 아니라 식물원이나 수목원도 비슷한 고충을 안고 있다. 충청도에서 온실형 식물원을 운영하는 분과 대화를 나눈 일이 있었다. 그는 우리나라에서 사립 식물원을 운영하는 어려움에 관해 이야기했다. 적자를 면하려면 관람객을 끌어들여야 하고, 그러기 위해서는 여러 매체에 소개되고 드라마나 영화에도 노출되어야 유리하다. 하지만 그런 이유로 촬영을 허가하면 아름다운 영상을 만든다는 핑계로 카메라 밖에서 식물을 밟거나 줄기를 구부러뜨리는가 하면, 정원에 쓰레기를 버리고 가는 경우도 많다고 한다. 그는 식물원 운영이 걱정되지만 그렇다고 이런 촬영을 계속 허가해야 하나 고민이라고 했다. 수도권의 공립 식물원에서 일하는 친구도 비슷한 이야기를 했다. 영상 촬영을 허가하고 식물이 훼손되는 일을 두어 번 겪은 뒤로는 촬영 허가를 내주지 않는다고. 이런 선택도 그나마 수익 창출에서 비교적 자유로운 국공립 식물원이기에 가능한 것이다.

식물원에는 "산책하러 왔는데 온실이 왜 이리 덥냐" "식물 보러 왔는데 곤충이 너무 많아 불편하다" 같은 항의가 꽤 들어온다. 온실은 인간이 아닌 식물이 살아가는 데 최적화된 시설이다. 우리가 불편해하는 온도와 습도가 그곳의 식물이 살아가기에 가장 적합한 환경이고, 곤충은 식물과 공생하는 중요한 생명이다. 오히려 관람객이야말로 식물의 삶에 아무런 도움이 되지 않는다.

전국의 알려진 자작나무 숲은 모두 고질적인 고민을 안고 있다. 자작나무 수피를 벗기거나, 수피에 낙서를 하는 사람들 때문이다. 낙서를 하지 말라고 하면 이 정도의 행동이 식물에 해가 되는지 몰랐다고 말한다. 모르면 제대로 좋아하기 어렵다. 그래서 우리는 학습을 통해 식물을 '제대로' 좋아할 수 있는 방법을 배워야 한다.

내 친구는 한 달에 한 번 유기동물보호소에 가서 견사를 수리하고, 강아지를 산책시켜주는 일로 하루를 보낸다. 나는 친구가 그렇게 강아지를 좋아하는지 몰랐다. 집에서 동물을 키우지도 않고, 친구들끼리 모여 동물 영상을 볼 때도 별 반응이 없던 친구였다. 물론 동물원에도 가지 않았다.

그런 친구가 말하길, 아침 일찍 출근해 밤늦게 돌아오는 자신은 강아지를 불행하게 만들 것을 알기에 키울 수 없다고 했다. 결국 지금 자신이 할 수 있는 최선의 일은 유기동물보호소에서 봉사하기인 것 같다고 친구는 생각했다. 그는 동물을 좋아할 자신만의 방법을 찾기까지 반려동물에 관한 책을 여러 권 읽고, 다양한 채널을 통해 유기 동물이 처한 현실을 지켜보며, 끊임없이 동물 이슈를 접하고 배우려 했다. 이렇게 무언가를 '제대로' 좋아한다는 건 내가 좋아하는 대상이 처한 현실을 둘러보고 내 행동을 돌아보며 지속적으로 탐구해야 하는 일이다.

식물문화보다 대중화된 동물문화의 현실을 들여다보면서, 앞으로 우리가 식물을 어떻게 좋아해야 할지를 생각해본다. 정말 사랑한다면 상대의 안녕을 빌어줘야 한다는 말이 있다. 식물을 좋아하는 마음을 앞세우기보다 식물과 그들이 속한 생태계의 안녕을 빌어주는 것, 그리고 그들의 행복을 위해 내가 할 수 있는 일을 알아보고 책임과 의무를 다하는 것, 과연 무엇이 식물이 행복해지는 길인지 묻고 그 길에서 내가 할 수 있는 일은 무엇인지를 지속적으로 탐구하는 것. 이것이 우리가 도시의 식물을 좋아하는 방식이 되어야 하지 않을까?

특산식물 광릉요강꽃을 보호하기 위해 만들어놓은 울타리.
관람객의 무분별한 불법 채취를 방지하기 위해 CCTV도 설치했다.

여름

Summer

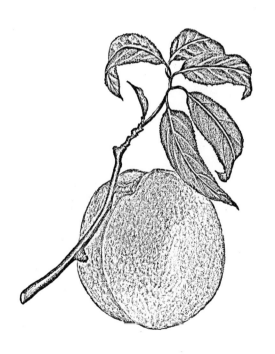

꽃다발을 만들며

대학에 입학하자마자 받은 안내 책자에는 앞으로 4년간 들어야 할 수업 커리큘럼이 빽빽이 적혀 있었다. 수업은 학과명 그대로 '원예학'. 식물이 도시에 사는 우리에게 오기까지 모든 과정을 아우르는 내용이었다. 식물의 형태 및 생리, 생태, 분류, 육종, 번식부터 화훼, 과수·채소·허브학 그리고 토양·시설·비료에 관해 배우고 수확 후에는 어떻게 이용되는지—플라워디자인이나 원예치료, 조경 설계 디자인—에 관한 내용까지 배우는 방대한 수업이었다. 개론 수업은 모두 필수과목이었기 때문에 나는 플라워디자인, 그때 강의명으로는 '화훼장식개론'이라는 수업도 들어야 했다.

플라워디자인 수업은 필기와 실기로 이루어졌다. 실기 수업이 있는 날에는 아침 일찍 고속버스터미널의 꽃시장에 가서 수업에 사용할 재료를 사와야 했다. 실기 수업 날이면 나는 새벽여섯 시쯤 친구들과 일명 '구터'에서 만나 꽃시장을 한 바퀴 돌며 마음에 드는 재료를 구입했다.

절화折花, 가지째 꺾은 꽃을 수집하는 일부터가 플라워디자인의 시작이다. 식물이 있는 현장에 가서 관찰할 개체를 구하는 것이 식물세밀화 작업의 가장 중요한 과정 중 하나이듯, 설계한 디자인에 어울리는 꽃을 정해진 예산에 맞게 준비하는 것은 플라워디자인의 중요한 관문이다. 플로리스트들 가운데는 취향에 맞는 식물을 얻기 위해 직접 육묘장을 만들어 재배하는 이들도 있다. 화훼장식 수업을 듣는 대학생이었던 내게 이 관문은 그저 마음에 드는 꽃, 신선해 보이는 꽃을 고르는 수준이었지만, 그런 내게도 꽃시장에서 꽃을 고르는 과정은 난관이었다. 한정된 수량의 꽃을 사는 건 굉장한 자제력을 요하는 일이기 때문이다.

꽃시장의 식물은 모두 관상을 목적으로 진열되기 때문에 하나같이 눈길을 끈다. 하지만 한눈에 마음에 든다거나 아름다워 보인다고 다 구입했다가는 시장에 있는 꽃을 전부 사게 되기 십상이다. 게다가 취향이란 너무나도 강력한 것이어서 내 취향대로만 고르다 보면 계속 비슷한 색과 형태의 식물만 선택하게 될 때가 잦다. 그 식물들을 따로 놓고 보았을 때는 아름답지만 하나로 모아서 장식했을 땐 조화를 이루지 못할 수도 있다는 것을, 나는 여러 차례의 경험으로 알게 되었다. 꽃다발은 식물의 색과 형태를 치밀하게 계산해 꽃을 조합하는 하나의 작품이다. 그래서 디자인 구상에 맞춰 이성적으로 꽃을 고르는 요령이 필요하다. 좋아하는 꽃을 무조건 많이 넣는다고 아름다운 꽃다발이 되는 건 아니라는 것도 유념해야 한다.

매번 서너 종의 꽃과 함께 장식할 소재(잎)를 고심해서 고른 나는 꽃을 낑낑 들춰 매고 학교로 가는 지하철을 탔다. 신문지에 싸여 형형색색의 비닐봉지에 담긴 꽃들이 내뿜는 향기가 내 주변을 감쌌다. 그렇게 실기 수업이 있는 날엔 아침부터 꽃과 함께

등교하고, 과방에 들러 그날 고른 꽃을 물에 담가 물올림을 하면서 하루를 시작했다. 꽃이 물을 흠뻑 먹고 꽃줄기를 바로 세우는 동안 내 에너지는 방전돼버리곤 했다.

생각해보면 그렇게 꽃을 자주 만졌는데도 꽃다발을 받아본 기억은 별로 없다. 전시 축하 꽃다발이나 졸업식 꽃다발 정도다. 나는 주로 스스로를 위해 꽃다발을 사고, 만들었다. 만들어진 다발 그대로 책상이나 책장 위에 꽂아두면 그 주위로 향기가 은은하게 퍼지고, 그만큼 내 기분도 나아졌다. 얼마 전엔 자주 가는 동네 꽃집에서 장미와 라넌큘러스, 소국과 글라디올러스가 장식된 꽃다발을 사 왔다. 졸업 시즌인지 꽃집 쇼윈도에는 졸업식 꽃다발을 주문받는다는 안내 문구가 쓰여 있었다.

졸업식 날 내가 받았던 꽃다발 속에는 빨간 장미와 노란 프리지어, 주황색 거베라 같은 꽃들이 있었다. 친구들도 나와 비슷한 꽃다발을 들고 있었다. 요즘에는 라넌큘러스나 작약, 유칼립투스 같은 소재들도 흔히 볼 수 있게 되었다고 한다. 이렇게 꽃다발 구성도 유행 따라 변하지만, 그 흐름 속에서도 시대를 가리지 않고 꼭 등장하는 꽃이 있다. 바로 안개꽃이다.

안개꽃이 특별히 아름다운 꽃이 아니라는 것쯤은 누구나 알 것이다. 그럼에도 불구하고 꽃다발에서 빠지지 않는 데는 이유가 있다. 장미와 거베라만으로 꽃다발을 풍성하게 만들려면 많은 양의 꽃이 필요하고, 그러면 가격이 너무 비싸진다. 그게 아니더라도 장미만 넣어 만들면 구성이 빈약해져 다른 식물을 추가할 수밖에 없다. 새빨간 장미와 색이 대비되는 흰색 안개꽃은 부피에 비해 가격도 저렴하고, 장미의 아름다움을 강조해주기까지 한다. 꽃다발의 빈자리를 메꾸면서 다른 꽃을 더욱 빛나게 해주는 것. 이것이 안개꽃의 역할이다. 그래서인지 꽃다발 중에는 장미보다 안개꽃이 훨씬 많은 것도 있지만, 우리는 이 꽃다발을 장미 다발로 기억할 뿐 누구도 안개에는 관심을 갖지 않는다. 안개꽃의 존재는 늘 잊히기 쉽다.

사실 꽃다발 장식에는 기본적인 공식이 있다. 꽃장식에 쓰이는 식물은 크게 네 가지 형태로 분류된다. 작약과 나리, 해바라기처럼 꽃이 크고 독특해서 한눈에 눈길을 사로잡는 폼플라워. 이들보다는 작지만 풍성하고 아름다워서 폼플라워의 서브 역할을 하는 장미, 카네이션, 다알리아 같은 매스플라워. 그리고 길게 빠져서 포인트를 주는 글라디올러스나 금어초 등의 라인플라워. 마지막으로 꽃다발의 빈자리를 메워주는 필러플라워까지. 분류될 때조차 채워주는 꽃이란 뜻의 필러로 불리는 이 꽃들은 크기도 작고 화려하지도 않아 다른 꽃을 돋보이게 하는 동시에 꽃다발에 입체감과 풍성함을 더해준다. 안개꽃이나 소국, 스타티스와 같은 식물이 여기에 속한다. 이런 필러플라워는 꽃다발에서 우리가 생각하는 것 이상으로 커다란 역할을 한다.

꽃다발을 만들 때면 우리 사회의 구성도 꽃다발의 그것과 크게 다르지 않다는 생각이 든다. 어느 집단에서든 중심이 되는 존재와 그 뒤를 쫓는 사람들, 그리고 주류와는 또 다른 길을 가는 사람들이 있기 마련이다. 중요한 것은 사회를 이루는 근간은 사실 안개꽃과 소국처럼 작고 평범한 사람들이라는 사실이다. 하지만 특별한 취급을 받는 이는 대개 눈에 잘 띄는 특이하고 도드라진 몇몇 사람일 때가 많다. 보통 사람들은 그 특별한 사람을 위해 존재하는 것처럼 느껴질 때, 우리는 사회 구성원으로서 의구심과 회의감을 갖게 되기도 한다.

그러나 막상 직접 꽃다발을 만들다 보면 꽃 한 송이, 심지어는 잎이나 나뭇가지 하나도 아름답지 않고 귀하지 않은 게 없다

Gypsophila elegans M.Bieb.

안개초로도 불리는 안개꽃은 졸업식과 입학식이 있는 2월이면
여러 꽃다발을 채워주는 꽃으로 쓰인다.

는 걸 알게 된다. 안개꽃과 소국도 자세히 들여다보면 치밀하게 구성된 꽃잎 하나하나가 놀라움 그 자체이고, 그 안의 수술 색도 꽃잎 색과 대비되어 화려하기 그지없다. 내가 늘상 가는 숲에서도 마찬가지다. 어느 하나만 특별한 경우는 없다. 숲속 모든 식물이 각자 제 역할을 하기에 숲은 순환한다.

모두 주목받고 싶고 특별한 존재가 되고 싶어하는 이 세상에서 애써 특별해지고 싶어 아등바등하지 않는, 그래서 드러나지 않는 보통의 식물들. 나는 이들의 존재를 기억하고 싶다. 작고 평범한 꽃의 가치가 비로소 빛나는 날이 과연 올까?

양성화와 중성화

산에 올라 식물을 관찰하고 채집해 가져온 후 현미경으로 미세한 부위까지 관찰해 그려내는 동안 내가 가장 좋아하는 순간은 작업실 의자에 앉아 스케치를 채색할 때도, 그림을 완성했을 때도 아닌 숲에 갈 때다.

장마가 시작되어 풀 내음이 가득한 여름 숲에선 수십 년을 살아온 거대한 침엽수 아래 자그마한 여름 풀꽃들이 자리를 잡고 꽃을 피우고 있다. 그 사이 죽어 쓰러진 나뭇가지에선 버섯이 발생을 준비한다. 거대한 돌덩이 위에선 이끼가 자라고, 주황색 동자꽃 주위로는 벌과 나비가 맴돌며, 바로 옆 풀잎 위로는 온갖 곤충들이 기어 다닌다. 이 풍경을 보며 나는 자연의 공존을 실감한다.

시간의 흐름에 따른 식물의 생장 과정을 관찰하는 것이야말로 식물세밀화의 진면목이라 할 수 있지만, 이렇게 시선을 조금만 돌리면 어울려 사는 나무와 풀, 벌과 나비, 버섯과 이끼가 꼼지락꼼지락 각자 할 일을 해나가는 모습을 덤으로 볼 수 있다.

여름이면 숲에서 산수국을 자주 본다. 초여름부터 산과 도시 가릴 것 없이 가장 많이 볼 수 있는 꽃이다. 산수국은 하이드레인지어*Hydrangea*라고도 하는 수국속 식물 중 한 종이다. 산수국 외에도 수국, 등수국, 바위수국, 탐라산수국 등이 우리나라에 자생한다. 수국을 개량한 원예종도 전 세계에서 정원식물과 절화로 사랑받고 있다.

근처 수목원에서 수국축제가 열려 다녀왔다. 축제에서 본 수국 대부분은 산수국을 개량한 종이었는데, 세계에서 수집한 다양한 색과 형태의 산수국을 100품종 넘게 볼 수 있었다. 가장 좋아하는 꽃으로 산수국을 꼽던 지인들이 떠올랐다. 이토록 화려하고 풍성한 꽃이라니.

그런데 수국의 화려함에는 비밀이 하나 숨겨져 있다. 우리가 꽃이라 부르며 좋아하는 가장자리의 커다란 장식화는 암술과 수술이 없어 생식을 하지 못한다. 그래서 중성화* 혹은 가짜 꽃이라고도 불리는데, 나만큼은 생식을 못한다는 이유로 '가짜'라는 단어를 붙이고 싶지 않다. 중성화는 생식 기능을 못하는 대신 화려한 모습으로 중심의 작디작은 양성화의 수분을 돕는 매개 곤충을 유인한다. 암술과 수술이 있는 양성화는 우리 두 눈으로 보기에도 작아서 곤충을 가까이 유인하기 어렵기 때문에 가장자리에 유인 꽃을 만들었다. 산수국의 생존 전략인 셈이다.

산수국은 개체에 따라 꽃잎 색도 다르다. 수국의 꽃잎 색은 리트머스 시험지와도 같아 토양의 산도에 따라 푸른색을 띠기도, 붉은색을 띠기도 한다. 토양이 산성이면 푸른색, 염기성이면

---

* 꽃술이 퇴화하여 생식 기능이 없는 꽃. 수국의 장식화나 해바라기 둘레의 설상화 따위가 있다.

Hydrangea serrata f. acuminata (Siebold & Zucc.) E.H.Wilson

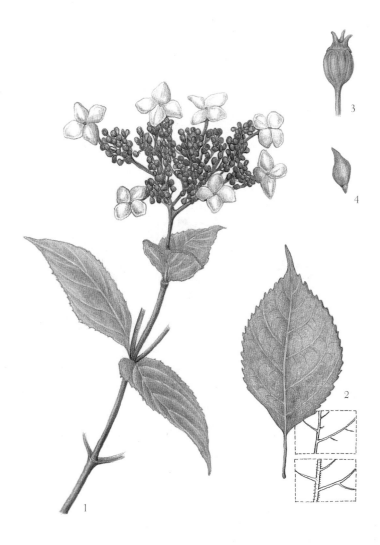

우리나라에 자생하는 산수국.
꽃 색은 토양 산도의 영향을 많이 받는데, 산성일수록 푸른색, 염기성일수록
붉은색을 띤다. 번호순으로 꽃과 잎이 달린 줄기, 잎, 열매, 씨앗.

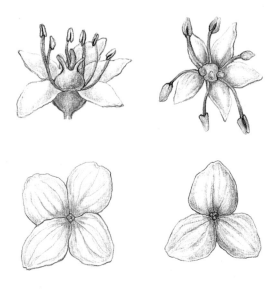

산수국 꽃은 암술 수술이 있어 생식 기능을 하는 양성화(위)와
가장자리에서 곤충을 유인하는 중성화(아래)가 있다.

분홍색, 중성일 땐 흰색에 가까워진다. 우리나라에선 토양이 산
성에 가까워 푸른색 수국을 많이 볼 수 있는 반면, 유럽 석회암
지대에 가면 붉은색 수국이 많다. 이런 특성을 이용해 플로리스
트들은 원하는 수국 색을 얻기 위해 개화기에 흙에 석회질 비료
를 주어 산도를 조절하는 식으로 꽃색을 만들기도 한다.

하루는 산에 오르다 푸른 산수국 가운데 핀 양성화에 꿀벌이
날아드는 장면을 보았다. 커다란 중성화를 보고 찾아왔겠지. 그
모습을 가만히 바라보고 있자니 어쩐지 중성화가 대견하다는 생

106

각이 들었다. 벌을 불러들였으니 중성화는 제 역할을 다 했고, 중성화 덕분에 꿀을 찾은 벌은 가운데 있는 양성화의 수분을 도울 일만 남았다. 가장자리의 중성화, 작디작은 양성화, 그리고 거기 달라붙어 있던 작은 꿀벌. 모두 각자의 위치에서 맡은 일을 고요히 해나가는 덕분에, 산수국은 계속해서 열매를 맺고 종자를 틔워 또 다른 생명을 낳을 것이다.

우리가 사는 세상도 마찬가지다. 누군가는 양성화로, 또 누군가는 중성화로, 또 누군가는 벌과 같은 존재로 살아간다. 어쩌면 모두가 세상의 중심에서 참꽃, 진짜 꽃이라 불리는 양성화로 살아가기를 꿈꿀지 모른다. 그러나 양성화는 중성화가 없으면 아무것도 할 수 없고, 중성화도 양성화가 없이는 존재에 의미가 없다.

산수국 잎을 적시는 소나기와 이들이 뿌리를 내린 흙까지 모두가 각자의 역할을 해내고 있는 한여름 숲속에서, 제각기 다른 생물이 살아가는 모습을 보며 나는 오늘도 힘을 얻는다. 작은 풀 한 포기의 기록 일지라도 세상에 무가치한 일은 없다는 것을, 긴 관찰의 여정에서 배운다.

복숭아털을 만지며

작업실 바로 옆에는 작은 복숭아밭이 있었다. 복숭아가 익어가는 계절이면 주변에 늘 달콤한 향기가 퍼졌고, 그 향기를 좋아하는 나는 부러 그곳을 지나쳐 작업실로 향했다. 복숭아밭 주인은 매년 복숭아가 다 익는 7월이면 잘 익은 복숭아를 가득 담은 까만 봉투를 내게 쥐여주었다. "생긴 건 이래도 맛있어요!" 멍이 살짝 들어 판매가 어렵다는 말과 함께 그가 건넨 봉투를 열면, 순식간에 달콤한 복숭아 향기가 퍼진다. 봉투 안에는 분홍빛이 살짝 든 복숭아 예닐곱 알이 들어 있다. 복숭아는 며칠 안에 금세 먹어치울 만큼 달콤했다.

그 복숭아는 털이 참 많았다. 씻으려고 손에 쥐면 유난히 까슬거려 물로 여러 번 문질러 닦아야 했다. 겉이 반지르르해진 복숭아를 껍질도 까지 않고 베어 물며 책상에 앉아 일을 시작하던 시절. 나는 해마다 여름이면 그때를 추억한다. 몇 년 전 신도시가 들어서며 복숭아밭이 사라졌기 때문이다. 지금 그 자리에는 거대한 고층 빌딩이 우뚝 서 있다.

Prunus persica (L.) Batsch

복숭아털은 곤충이 먹지 못하도록 열매를 보호하며 수분 손실을 막고
비에 젖어 썩지 않도록 한다. 그림은 신품종 복숭아 '유미'.

대형 마트에서 과일 유통을 담당하는 학교 선배를 만나 과일 이야기를 하다가 그 복숭아밭 이야기를 꺼냈더니, 선배는 내가 받은 복숭아에 털이 유난히 많을 수밖에 없었던 이유를 알려주었다. 그러고 보니 시중에 판매되는 복숭아엔 그렇게 털이 많지 않았다. 들자하니 유통 과정 중에 자연스럽게 털이 빠지기도 하고, 사람들이 털 많은 복숭아를 좋아하지 않는 데다, 복숭아털 알레르기가 있는 사람도 꽤 많기 때문에 포장할 때 털을 최대한 털어주고 표면을 닦아주기도 한다고 했다. 복숭아밭에서 갓 딴 복숭아에 털이 유난히 많은 건 당연한 일이었다.

소비자의 기호가 이렇다 보니 최근에는 털 없는 천도복숭아와 달콤한 털복숭아의 장단점을 보완한 품종도 육성되고 있다. 도시 원예식물은 사람들의 취향에 따라 변화한다. 사람들이 복숭아털을 싫어하니, 복숭아라는 과일은 이제 점점 털이 없는 형태로 진화할 것이다.

농촌진흥청에서 육성한 신품종 복숭아 '유미'를 그릴 때도 복숭아털 때문에 고민이었다. 나뭇가지에 매달려 있는 복숭아는 우리가 먹기 전에 보는 복숭아보다 털이 많다. 그 털이 과육

털의 종류

표면을 뽀얗게 만들기 때문에 털을 감안하며 그리면 아무리 진하게 채색해도 우리가 생각하는 것만큼 뚜렷한 색으로 표현되지 않는다. 그럼에도 불구하고 나는 가지에 달린 복숭아 색을 되도록 그대로 표현하려 했다. 그림을 그리는 동안에도 내내 복숭아털에 대해 생각했다. 복숭아에는 왜 털이 있는 것일까? 이 털은 어떤 역할을 하며, 기존에 그린 다른 식물의 털과는 어떻게 다를까?

학자들은 털이 곤충과 물로부터 복숭아 열매를 보호해준다고 말한다. 복숭아는 다른 과일에 비해 껍질이 현저히 얇은 편이다. 사과, 오렌지, 수박 껍질은 복숭아 껍질에 비하면 훨씬 더 두껍다. 바꿔 말하면 복숭아는 다른 열매에 비해 동물들의 공격을 받기가 더 쉽다는 이야기다. 달콤한 과육을 먹기 위해 얇은 과피를 찢고 들어오는 곤충과 새 들로부터 열매를 보호하기 위해, 복숭아는 얇은 껍질을 감싸고 밀생하는 따가운 털을 함께 갖게 된 것이다. 털은 열매의 수분 손실을 막아주는가 하면 비에 젖지 않도록 지켜주기도 한다. 복숭아는 따뜻한 중국 남부 지역에서 그 역사가 시작되었다. 이 건조한 환경에서 복숭아털은 수분이 날

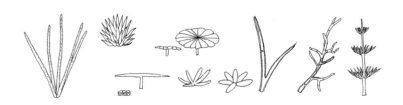

식물 털을 확대해서 보면 그 목적에 따라 다양한 형태를 띠고 있다.

Hepatica maxima (Nakai) Nakai

섬노루귀의 온몸에 난 흰 털은 강한 바람에 대한 저항력을 높여준다.

아가는 것을 막아 열매의 수분 함량을 유지하는 데 도움을 준다. 또 비가 오면 털이 표면장력을 높여 열매가 빗물에 젖어들어 썩는 것을 막아준다. 유통 과정에서 제거되고 남은 얼마 안 되는 털마저도 운송, 진열되며 복숭아가 상하는 것을 방지해준다.

식물을 그리다 보면 수많은 형태의 털을 만난다. 계속 만지고 싶을 만큼 부드러운 털, 손을 대기 어려울 정도로 따가운 털, 짧고 촘촘한 털과 10센티미터 가까이 긴 털, 전체에 밀생하는 털과 특정 부위에 집중적으로 나는 털…… 이렇게 식물마다 다양한 털을 갖게 된 이유는 식물의 형태만큼이나 제각각이지만, 대개는 스스로를 보호하는 역할을 한다는 공통점이 있다. 섬노루귀는 온몸에 흰 털이 밀생하는데, 이 털은 바람이 많이 부는 섬에서 바람에 대한 저항성을 높여주는 역할을 한다.

만지고 먹을 땐 따갑고 까슬거리는 복숭아털이지만, 그 털이 식물 스스로 열매를 보호하는 장치라는 것을 알면 무턱대고 싫어할 수 없게 된다. 오히려 촘촘하게 난 털을 보면 그 털을 뒤집어쓴 식물이 안쓰럽고 가엽게 여겨질 때가 많다.

식물의 형태는 언제나 그들이 살아온 역사를 말해준다. 그 모습을 있는 그대로 받아들이려 한다. 그렇게 나는 복숭아의 털마저 좋아하기로 했다. 따가운 털을 움켜쥐어야 비로소 달콤한 과육을 즐길 수 있다는 것, 어쩌면 우리가 복숭아라는 과일을 먹기 위해 치러야 하는 당연한 대가가 아닐까?

죽은 잎

대학교 4학년 필수과목 중에는 현장 실습이 있었다. 과목명대로 식물이 있는 현장에서 실습을 하는 수업이었고, 나는 어느 수목원 아열대온실에서 한 달간 식물을 재배하는 실습을 하게 되었다. 첫 실습을 하루 앞둔 날, 가슴이 너무나 설레었다. 내가 원예가가 된다니!

한 달 남짓 출근하게 된 곳은 '열대식물자원연구센터'라고 불리는 거대한 온실이었다. 아직 개관도 하지 않은 이 온실에는 두 해 전 독일 다렘식물원에서 수입해 온 중요한 식물들, 아직 키가 작은 나무와 선인장 3000여 종이 바닥에 붙어 자라고 있었다. 수십 미터는 되어 보이는 온실 천장만이 거대하게 자랄 이 식물들의 미래를 상상할 수 있게 해주었다.

온실은 두 개의 방으로 나뉘어 있었는데, 한쪽에는 열대우림에서 살아가는 관엽식물이, 또 한쪽에는 건조한 사막의 다육식물이 있었다. 나는 매일 이곳을 관리하는 두 명의 원예가를 도와 식물을 재배했다. 원예가들은 내 또래였고, 우리는 원예학을 공부하는 서러움과 식물을 재배하는 고단함에 관해 이야기하다 금세 친해졌다. 온실에서는 식물을 관리하는 일 외에 식물이 언제 꽃을 피우고 열매를 맺는지, 재배 방법에 따라 생장 속도는 어떻게 달라지는지 등을 기록하고 연구하는 작업도 했다.

실습 첫날, 온실에 들어가기 전 한여름 햇살에 살이 타지 않도록 긴팔에 긴바지를 입고 원예가용 앞치마를 둘렀다. 그런 날 보더니 두 사람은 앞치마는 필요 없고, 내일부턴 반팔을 입는 게 좋을 거라고 했다. 온실에 첫발을 들이는 순간 그렇게 말한 이유를 바로 알 수 있었다.

한여름 온실은 쪄 죽을 듯 더웠다. 온실 문을 여는 동시에 숨이 턱 막힐 정도였다. 나는 그때까지 그런 더위를 경험해본 적이 없었다. (드넓은 온실은 위치에 따라 온도가 달랐기에 실내 온도를 단언하긴 어렵지만) 동남아 열대림에 가서도 꽤 견딜 만한 더위라고 느꼈던 나인데, 이 온실의 더운 공기는 현기증을 불러일으킬 만큼 후텁지근했다. 가만히 있기조차 힘든 이곳에서 우리는 식물을 재배했다. 그 덕에 지금도 매년 여름 더위가 오면 그때를 떠올리며 더위를 견딘다.

노지도 아닌 데다 우리나라에서 처음 재배되는 식물로 가득한 이 온실에서 대학생인 내가 할 수 있는 일은 많지 않았다. "소영이는 앞으로 출근하면 온실 한 바퀴 돌면서 고사 잎 정리해줘." 내가 맡은 첫 임무는 식물의 시든 잎과 가지를 떼어내거나, 이미 땅에 떨어진 죽은 잎을 처리하는 일이었다. 한낮의 무더위가 오기 전 아침 일찍 출근해 작업복을 입고 열대우림으로 들어갔다. 그리고 온실을 한 바퀴 돌며 식물들이 떨궈낸 죽은 잎을 줍고, 아직 떨어지지는 않았지만 노란색 갈색으로 시든 잎을 가위로 떼어주었다. 시든 잎은 식물 전체가 가져가야 할 양분과 수

115

분을 가져가 식물 생장에 해가 된다. 그래서 고사잎과 고사지를 정리해주는 일은 원예가들의 가장 기본적인 작업이다.

식물이 생장하는 속도만큼 죽은 잎은 더 많이 나왔다. 식물은 매일 또 자주 아랫잎을 죽여가며 새로운 잎을 틔웠다. 나는 식물이 그렇게 매일 죽은 잎을 생산해내는지 몰랐다. 고무나무와 소철, 디펜바키아와 필로덴드론, 몬스테라, 커피나무와 같은 이곳의 열대식물들은 기온이 높을수록 호흡을 많이 했고, 그렇게 더 많은 수분을 흡수하고 새로운 잎과 꽃줄기에 에너지를 쏟으며 성장해갔다. 그 속도만큼 묵은 잎들도 빠르게 시들어갔다. 온실에선 식물이 죽어가는 일과 새로운 잎을 틔우는 일이 동시에 일어났다.

안 그래도 더운 한여름 기온의 열대온실에선 시든 잎을 따라다니며 줍는 데만도 한 시간이 걸렸다. 온실을 한 바퀴 돌면 마대 자루 하나가 이미 죽은 잎과 죽어가는 잎으로 가득 찼다.

하루는 사막 온실에서 아가베가 꽃대를 올리는 장면을 목격했다. "아가베는 꽃을 피우고 죽어." 아가베 곁에서 사진을 찍는 내게 한 원예가가 말했다. 그는 아직 피지도 않은 꽃대를 바라보며 죽음을 이야기했다. 모든 종이 그런 건 아니지만 아가베속 중에는 지니고 있던 탄수화물을 꽃을 피우는 데 다 써버리고 꽃이 진 후에는 아예 죽어버리는 종도 있다고 했다.

꽃을 피우는 잠깐의 순간을 위해 식물은 가진 에너지를 모두 끌어 쓰고, 이 많은 잎을 죽이는구나. 삶에서 꽃을 피우는 순간은 1년도 채 되지 않지만 오직 그 순간을 향해 몇 년, 몇십 년을 하루도 쉬지 않고 이 많은 죽은 잎을 만들어내는구나. 이것이 식물의 삶이구나 깨달았다.

식물을 재배하는 일은 식물이 살아가는 과정을 관찰하는 일

116

Agave spp.

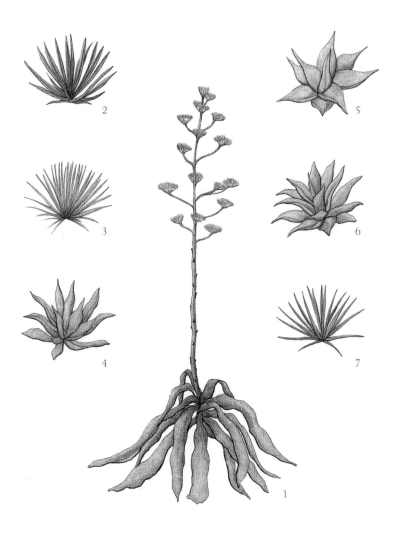

100년에 한 번 꽃을 피워 '세기의 식물'이라 불리는 아가베 대부분은 생애
단 한 번 꽃을 피우고 죽는다고 알려져 있지만, 종에 따라서는 생을 지속하거나
20~30년 후 다시 꽃을 피우는 경우도 있다. 그림은 아가베속 식물들.
번호순으로 네오멕시카나아가베, 무늬데스메티아나아가베, 아테뉴아타아가베,
제미니플로라아가베, 프란조시니아아가베, 구이엔골라아가베, 로다칸타아가베.

인 동시에 죽어가는 과정을 지켜보는 일이기도 했다. 그렇게 식물 곁에서 지내며 나는 좋은 일이 생겼을 때도 마냥 기뻐하지만은 않게 되었다. 좋은 일이 언제까지나 계속될 순 없으며, 후에는 그만큼 슬픈 일도, 아픈 일도 있으리란 걸 알게 되었기 때문이다.

꽃이 피는 봄과 열매를 맺는 여름이 지나면 모든 것을 떨궈내야 하는 가을이 오고, 혹독한 추위를 견뎌야 하는 겨울도 온다. 식물은 기후와 해가 내리쬐는 시간日長으로 계절을 인지하지만 나는 식물처럼 똑똑하지 못해 내게 오는 기쁨과 슬픔과 아픔의 계절을 알지 못한다. 그저 기쁜 일이 일어난 다음엔 슬픈 일이 올 것이고, 슬픈 일을 견디고 나면 또 꽤 괜찮은 순간을 맞게 될 것이라는 걸 어렴풋이 예감할 뿐이다.

언젠가 아빠는 내게 인생이란 많은 날이 슬픔이라고, 이따금 찾아오는 기쁨의 순간을 맞기 위해 아픔과 슬픔으로 살아가는 것이라고 했다. 포대 자루 가득 들어 있는 죽은 잎을 바라보며 아빠의 말이 떠올랐다.

무더운 온실에서 식물의 죽은 잎과 죽은 줄기를 버리고, 물과 비료를 주며 한 달간의 실습 기간을 채웠다. 처음 이곳에 와서 느꼈던 견디기 힘든 무더위와 낯선 온실 풍경에도 이제 꽤 익숙해졌다. 한 시간 넘게 걸리던 고사잎 정리는 40분이면 다 끝낼 수 있었고, 이름을 하나하나 불러줄 수 있을 만큼 온실 속 식물들과도 친해졌다. 그렇게 온실 생활에 익숙해지려 하니, 다시 학교로 돌아가야 했다. 지금은 그때 그 시간이 마치 한여름의 아련한 꿈처럼 느껴지기도 한다.

돌이켜보건대 짧았던 내 삶에도 종종 슬픔의 순간이 있었다. 하지만 그 곁엔 언제나 식물도 있었다. 매화를 보러 가느라 강아지 백구의 마지막 순간을 함께하지 못했고, 학생들에게 식물세밀화를 가르치러 경주에 다녀오다 교통사고로 응급실에 실려 가기도 했다. 그런 일이 있을 때마다 다시는 식물에 집착하지 않으리라, 멀리까지 식물을 보러 가지 않으리라 다짐하고도 나는 여전히 변함없이 식물을 따라다닌다.

전나무 숲으로

광릉숲에서는 주로 구과식물을 그렸다. 국립수목원은 우리나라 산림 생물에 관한 다양한 연구 과제를 수행한다. 자생식물을 조사하고 데이터를 수집하며, 식물의 형태와 생태를 연구하는 게 수목원의 일이다. 나는 이미 연구를 마친 양치식물과 벼과, 사초과에 이은 다음 주자로 우리 산림의 반을 이루는 구과식물 그림을 맡게 되었다. 우리 팀은 한국에 어떤 구과식물 종이 있으며, 이들을 어떻게 분류할 수 있는지 등을 망라한 연구를 수행해야 했다. 이를 잘 보여줄 수 있도록 구과식물의 형태를 그림으로 그리는 게 내 일이었다.

구과식물은 소나무처럼 방울 열매가 달리는 식물이다. 소나무, 전나무, 잣나무, 향나무, 측백나무 등이 있는데 전부 바늘잎나무로 묶을 순 없지만, 대부분이 바늘잎이기에 쉽게 바늘잎나무 정도로만 생각해도 되겠다. 우리나라 전역에 분포하며 개체 수도 가장 많지만, 바늘잎나무인 만큼 한대기후를 좋아해 주요 종들은 높은 곳에 올라가야만 만날 수 있다. 국립수목원이 위치

한 광릉숲은 유네스코 생물권보전지역인 만큼 우리나라에 자생하는 거의 대부분의 식물을 볼 수 있는 곳이었고, 나는 이곳에서 구과식물을 관찰했다.

구과식물은 모두 키가 컸다. 나는 늘 내 키보다 더 큰 채집 가위를 들고 수목원과 뒷산을 활보했다. 그 가위를 가지고 걸어가면 만나는 직원마다 묻곤 했다. "큰 나무 그리나 봐?" 그러면 나는 "전나무요" "소나무요" 대답했다. 내 말을 들은 동료들은 그 나무 군락지가 어디 있는지 잘 아는 듯이 "거기까지 가려면 힘들겠다" 말했다.

전나무를 그리기 전 표본실에 있는 전나무 표본 몇 개와 도서관의 외국 자료들을 사무실로 가져와 훑어보았다. 우리나라에는 전나무 외에 일본전나무도 있다. 사진으로 보니 전나무는 잎이 뾰족하고 일본전나무는 잎이 뭉툭한 것이 가장 뚜렷한 특징으로 보였다. 나는 문헌상의 기록을 실제로 확인하기 위해 사무실 구석에 있던 채집 가위와 혹시 모를 상황에 대비한 채집 봉투, 펜과 자, 사진기를 챙겨 전나무 숲으로 나섰다.

내가 일하던 국립산림생물표본관 건물에서 10분 정도 걸으면 수목원에서 가장 큰 호수인 육림호가 나온다. 육림호를 지나 오르막길을 5분 정도 오르면 왼편으로 수고가 10미터는 족히 돼 보이는 거대한 전나무 숲이 펼쳐진다.

관람객이 들어가지 못하도록 쳐놓은 펜스를 넘어 본격적으로 숲속에 내 몸을 들여놓는 순간, 전나무 냄새가 가득 퍼졌다. 습하고 묵직한 나무 냄새. 피톤치드라기엔 묵은내 비슷한 오래된 숲의 향기였다. 저 아래 관람객이 자주 드나드는 곳에서는 맡을 수 없는 나무와 풀과 버섯과 곤충의 냄새다.

많은 전나무 중 어떤 개체를 선택해야 할지 고민이 시작됐다.

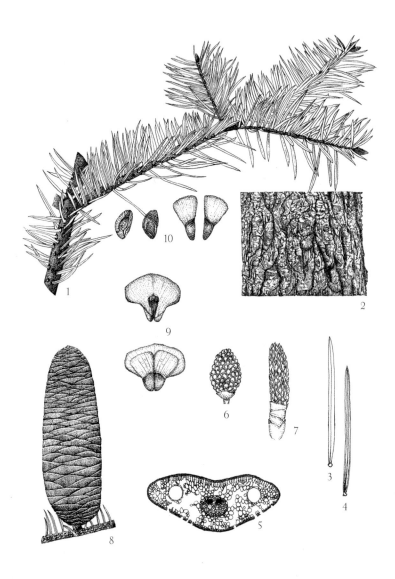

전나무. 번호순으로 잎이 달린 가지, 수피, 잎(3~4), 잎의 단면, 수꽃, 암꽃, 구과,
실편과 포편·씨앗과 씨앗날개, 씨앗과 씨앗날개.

Abies firma Siebold & Zucc.

일본전나무. 번호순으로 잎이 달린 가지, 잎(2~3).

이 나무들을 대표할 수 있는 가장 보편적이고 전형적인 나무, 표본이 될 만한 가지를 골라야 한다. 그렇게 나무 아래 자라난 풀들이 상하지 않을까 살금살금 조심스레 나무 꼭대기를 올려다보며 숲을 헤맨다. 얼마 지나지 않아 그다지 높지 않고 가지 형태도 알맞아 보이는 나무를 찾았다. 가져온 가위를 뻗어 가지에 맞추고 힘을 준다. 툭 소리와 함께 가지는 내 머리 위로 후두둑 떨어진다. 그것을 가져온 봉투에 담아 입구를 꼭 막고 지나온 길로 발길을 돌린다.

　전나무를 채집해 사무실로 돌아가는 시간. 기분 같아선 뭔가 큰일을 해낸 것 같지만 아직 시작에 불과하다. 잘라 온 가지를 사무실로 가져가 치수를 재고 현미경으로 관찰해 여러 번 스케치를 해가며 그림을 그려야 한다. 그게 끝이 아니다. 시간이 지나 같은 전나무에 암꽃과 수꽃 봉오리가 피고, 열매가 맺히고 그 열매가 다 익어갈 때까지 삶의 모든 과정을 빼놓지 않고 관찰해 가며 스케치를 되풀이해야 한다. 그러려면 이 숲을 수십 번은 더 찾아야 한다.

식물의 삶은 매우 규칙적이고 질서정연하지만 그 안에도 예측할 수 없는 변화가 있다. 어쩌면 진짜 중요한 것은 바로 그 변화다. 그것은 오랫동안 식물을 자세히 들여다보지 않으면 알 수 없는 과정이기도 하다. 그래서 식물을 그림으로 기록하는 일이 고되고 지치는 일인지도 모르겠다. 하지만 결국엔 식물이라는 존재가, 또 식물을 좋아하는 내 마음이 나를 다시 이 숲으로 데려다놓는다.

존재감 없는 동물이기를

수목원에서 일할 때 내 자리 앞에는 창문이 있었다. 다른 자리는 모두 창을 등지고 있었지만 유일하게 그 자리만은 창밖을 바라보게 되어 있었다. 나는 빈자리에 우연히 들어와서 앉게 되었고, 동료들은 그런 나를 부러워했다. 그도 그럴 것이 창밖에는 가꿔지지 않은 언덕이 있었고 그림을 그리다 고개를 들면 봄에는 풀잎들이, 여름에는 상사화와 동자꽃이, 가을이면 흐드러진 들국화가 보였다. 덕분에 부러 움직이지 않고도 사무실에 출근하는 것만으로 계절의 변화와 식물의 생장 과정을 마주하는 행운을 누렸다.

그보다 더한 행운은 동물들이 이곳을 찾는다는 것이었다. 이따금 창밖에 찾아오는 동물 중에는 벌과 나비 같은 곤충도 있었지만 청설모나 멧돼지 노루 같은 짐승도 있었다.

하루는 오후에 표본을 보면서 기름종이에 점을 찍다가 고개를 들어 창밖을 보았다. 아기 멧돼지 한 마리가 바로 내 눈앞에서 풀을 헤집으며 킁킁거리고 있었다. 멧돼지를 그처럼 가까이에서 본 건 처음이었다. 그렇게 산으로 들로 조사를 다니면서도 멧돼지는 흔적만 구경했을 뿐이었는데 이렇게 뜻밖의 시간과 장소에서 아기 멧돼지를 만나다니! 감격에 겨워 '앗' 하는 순간 세 마리가 더 보였다. 산에 사는 멧돼지 가족이 잠깐 산 아래로 내려온 듯 보였다. 자연 다큐멘터리를 틀어놓은 것도 아니고 가만히 그림을 그리고 있었을 뿐인데 10미터도 안 되는 거리에, 아니 눈앞에 멧돼지 가족이 나타나다니······! 놀란 나는 "저기 멧돼지 가족 봐요!" 하고 뒷자리에 앉아 있는 동료를 불렀다. 다시 창밖을 보니 멧돼지 가족은 눈 깜짝할 사이에 사라지고 없었다. "뭐야? 없는데?" 동료는 물었고 나는 아쉬움 가득한 목소리로 중얼거렸다. "방금까지 있었는데······ 한 마리도 아니고 가족이 다 있었다니까요······." 내 말에 동료는 무심히 그랬냐는 대답뿐이었다.

또 하루는 그림을 그리다 밖을 보니 노루 두 마리가 어슬렁거리는 게 보였다. 사진을 찍으려고 서둘러 전화기를 꺼내 들자 그들은 이내 사라졌다. 동물들은 카메라를 감지하는 신경이라도 있는 것인지 늘 사진으로 기록해두려 하면 잽싸게 시야에서 빠져나간다. '움직이는 동물을 기록한다는 건 엄청난 인내심과 순발력이 요구되는 일이구나.' 내 일이 식물을 기록하는 일이라 다행이라는 생각을 한 적이 있다.

채집을 위해 산과 들을 다니다 보면 곤충은 물론이고 뱀이나 개구리, 다람쥐, 고라니 같은 동물을 자주 마주친다. 그러나 이렇게 산에서 보는 것과 예기치 못한 곳에서 만나는 것은 다르다. 그림을 그리다 창밖으로 찾아온 동물을 마주하면, 특히 그들을 본 이가 나밖에 없을 때는 신비로운 인연을 만난 것 같고 그 동물과 교감을 나눈 듯한 느낌마저 든다.

언젠가 미기록종이 발견되어 일주일간 열심히 기록을 다 끝냈는데 알고 보니 기존에 발표된 종이라 그린 그림이 소용없어진 일이 있었다. 회의를 마치고 자리로 돌아와 허무함에 책상에 엎드려 있다가 고개를 드니 창밖에서 아기 노루 한 마리가 가만히 언덕을 거닐고 있었다. 물론 금세 사라졌지만, 그날 본 아기 노루는 마치 나를 위로하기 위해 눈앞에 나타나준 존재 같았다. 시간이 지나 되돌아보면 사진으로 기록하지 못한 이 동물들의 존재가 환상이나 꿈처럼 느껴지기도 한다. 아득한 과거의 일은 현실이 아닌 꿈처럼 느껴질 때가 있다.

한때는 동물을 무서워했다. 어린 시절에는 작은 동물, 특히 곤충이 무서웠다. 다리가 여러 개 달린 곤충을 보면 소스라치게 놀라곤 했다. 낯선 존재, 모르는 것에 대한 공포가 아니었을까. 바다를 보면서도 비슷한 공포를 느낀다. 나는 산을 잘 알지만 바다는 알지 못한다.

식물을 기록하는 일을 시작하고 그들이 있는 곳에 자주 다니느라 식물에 매개하는 수많은 동물을 마주할 수밖에 없게 되면서 동물에 대한 공포가 사라졌다. 내가 주로 다니는 식물 장소—그러니까 산과 들, 식물원과 수목원의 주인은 그곳에 사는 풀과 나무와 버섯 그리고 수많은 동물이다. 그들의 터전에 들어선 낯설고 거대하고 징그러운 생물일 뿐인 내 존재는, 숲속 동물들에게 엄청난 공포일 것이다. 실제로 인간은 숲속의 생물들에게 수없이 폭력을 가해오지 않았는가. 내가 느끼는 공포보다 그들이 느낄 공포가 더 클 거라는 생각을 하면, 나를 보고 놀랐을 동물의 공포를 최소화하도록 얼른 지나가버리거나 사라지는 것이 최선이다. 나는 식물에 집중해 지체 없이 내 할 일을 하고 숲에서 빠져나온다.

지금도 이따금 창밖으로 보았던 멧돼지 가족과 아기 노루를 떠올린다. 그들이 내게 한없이 반갑고 고마운 존재였던 것과 반대로, 인간인 나는 존재 자체가 동물들에게 위협일 수밖에 없다. 그래서 될 수만 있다면 그들에게 순식간에 사라져버린 존재감 없는 동물이고 싶다.

달맞이꽃과 인연

메일 한 통을 받았다. 보낸 이는 유전자변형작물GMO을 연구하는 대학원생이었다. 박사과정을 위해 곧 미국으로 떠나는데 은사님께 감사의 의미로 식물 그림을 선물하고 싶다고 했다. 그려야 할 식물이 수없이 많았던 데다 개인 작업 의뢰는 받지 않기 때문에 거절했지만, 그가 의뢰하려는 식물 종 이름을 듣고는 고민에 빠졌다.

그는 달맞이꽃 그림이 필요하다고 했다. 은사님이 가장 좋아하는 식물이 달맞이꽃이라고. 산업과 기술이 발달할수록 오히려 가장 기본적인 것을 찾게 되는 게 사람 마음이듯, GMO를 연구하는 학자도 결국 우리 주변에서 흔히 볼 수 있는 달맞이꽃을 좋아한다는 게 어쩐지 깊이 이해되고, 의미 있게 느껴졌다.

달맞이꽃이라면 이미 관찰해 기록해놓은 드로잉이 있었고, 의뢰인도 너무 간절히 그림을 원해 일정을 넉넉히 잡고 작업을 하기로 약속했다. 그렇게 나는 몇 달에 걸쳐 작업실 앞 하천 주변에 핀 달맞이꽃을 관찰해 스케치와 채색까지 완성했다. 의뢰인을 만나 완성된 그림과 표본을 건네주던 날, 우리는 이런저런 이야기를 나누었다. 식량이 불균등하게 배분되는 현실을 걱정하며 GMO를 연구해야 하는 학자의 사명감과 애달픔에 대하여, 그리고 달맞이꽃처럼 자연스레 뿌리를 뻗어가는 식물만으로 인류가 행복하게 살아갈 수 있다면 얼마나 좋을까 하는 바람에 대하여.

달맞이꽃은 매일 다니는 길가, 하천, 텃밭, 공터에 늘 피어 있어 우리에게 매우 익숙하지만, 사실 남아메리카에서 건너와 스스로 자리를 잡은 귀화식물이다. 달을 맞는 꽃이라는 이름처럼 아침이면 꽃을 오므렸다가 밤이 되면 피우는 달맞이꽃은, 낮에 꽃을 피우는 식물들 사이에서 수분을 도울 곤충을 유혹하기 위한 경쟁이 치열하다 보니 밤에 꽃을 피우는 형태로 진화했다. 물론 밤에는 곤충도 적지만 그만큼 수분할 꽃도 적어 경쟁이 덜하다. 낮은 밤에 수분을 하기 위한 기다림의 시간이다.

달맞이꽃이 밤을 기다리듯, 이들을 그릴 땐 나도 달이 뜨기를 기다렸다. 나는 기다림에 꽤 익숙하다. 식물을 기록하면서 그렇게 되었다. 피나물을 그리려면 이듬해 봄을 기다려야 했고, 상사화를 그리고 싶을 땐 여름을 고대해야 했다. 매일 오는 밤을 기다리는 것쯤은 일도 아니었다. 나는 하루 일정을 다 보내고 늦은 오후가 되기를 기다렸다. 아직 어둠이 깔리기 전에 관찰을 시작해도 마칠 때면 늘 달빛 아래 있었다. 낮에는 선명한 본래 색을 포착하기 위해 햇볕 아래에서 채색을 했고 밤에는 확대경으로 그 색을 다시 관찰했다. 어느덧 그림이 완성되었고, 달맞이꽃과의 인연은 그렇게 마무리되는 듯 보였다.

4년 뒤 나는 의외의 장소에서 달맞이꽃을 다시 만났다. 우리나라 담수생물을 연구하는 기관에서 연락을 해온 것이다. 식물

Oenothera biennis L.

여름이면 우리 주변 길가, 텃밭, 물가 등에서 꽃을 피우는 달맞이꽃.
번호순으로 꽃과 잎이 달린 줄기, 뿌리, 줄기, 꽃(4~5), 열매가 달린 줄기,
열매와 씨앗, 열매 단면, 씨앗.

의 효용을 연구해 그 결과를 사람들에게 그림으로 알리는 프로젝트를 진행하게 되었는데, 그 첫 식물로 달맞이꽃이 선정되었다고 했다.

달맞이꽃 뿌리와 씨앗에서 얻은 기름의 효능은 전부터 꾸준히 연구되어온 덕분에 콜레스테롤을 낮추고 갱년기 증상과 아토피를 개선하는 약으로 널리 쓰였다. 이 기관에서는 최근 달맞이꽃이 피부 노화 및 피부 질환 개선에도 효능이 있다는 사실을 밝혀내 특허 출원까지 했다고 한다. 나는 어쩔 수 없이 달맞이꽃을 두 번 그릴 운명이었던 것이다.

한 번 기록한 식물은 수정·추가할지언정 다시 그릴 필요가 없다고 생각하지만, 이번에는 4년 전 그린 그림보다 좀더 학술적인 해부도에 가까운 그림을 그려야겠다고 마음먹고 새로이 작업을 시작했다.

식물의 가능성, 자원화 연구를 주제로 그림을 그릴 땐 내가 그리는 식물이 더욱 소중하게 느껴진다. 비록 내 연구 결과물은 아니지만, 이 작은 풀이 그처럼 대단한 효과를 가졌다고 생각하면 기특하고 대견한 마음이 든다. 그러면 나도 모르게 더 세밀하게 관찰하고 기록하게 된다. 그림을 보는 사람들도 이 식물의 소중함을 알아주기를 바라는 마음으로 선을 긋는다.

시간이 지나면 기관과 협약을 맺은 화장품회사에서 달맞이꽃 추출 원료로 만든 화장품과 건강기능식품도 출시할 예정이라고 했다. 그러면 사람들에게 달맞이꽃은 더욱 귀한 식물로 여겨질 것이고, 내가 그린 그림도 화장품 패키지디자인에 활용될 수 있다. 식물의 가능성은 곧 식물세밀화의 가능성이기도 하다.

원예식물이 많이 식재된 춘천의 한 식물원 원예가에게 혹시 그곳에 달맞이꽃이 있는지를 물었다. "잎에 무늬가 있는 종이

있어요. 이름은 푸른잎노랑낮달맞이꽃 '프루링 스 골드'예요." 낮달맞이꽃이라니. 내가 그렸던 달맞이꽃이 낮에도 꽃을 피울 수 있게 되었다. 초록색 잎엔 노란색의 무늬도 생겼다. 낮에 꽃을 피우는 낮달맞이꽃, 노란 달빛이 아 닌 분홍색을 띠는 분홍낮달맞이꽃, 그리 고 그보다 꽃이 작은 애기분홍낮달맞이꽃 으로 달맞이꽃은 변형되고 확장되어 우리 주변의 풍경을 아름답게 하는 관상식물이 되어준다.

나는 이 글을 쓰기 위해 또 새로운 달 맞이꽃 품종들을 그리고 있다. 개화를 기 록하기 위해 기다린 낮시간만큼, 그런 기다림 끝에 밤의 어둠 속에서 드러나 는 샛노란 잎의 강렬한 빛만큼 도시에 서 달맞이꽃의 존재감이 더 밝게 빛나

위부터 애기분홍낮달맞이꽃, 분홍낮달맞이꽃, 푸른잎노랑낮달맞이꽃 '프루링스 골드'의 잎.

길 바란다. 그래서 이들이 더더욱 귀한 식물이 되면 좋겠다. 그러면 나는 또 어떤 예기치 못한 순간에 달맞이꽃을 그리게 될지 모른다. 내게 달맞이꽃과의 네 번째 만 남이 올까?

완벽한 기록은 없다

식물을 그리는 내게 사람들이 하는 질문은 대개 정해져 있다. 그 중 가장 많이 받는 질문은 식물 그림과 식물세밀화가 어떻게 다르냐는 것이다. 그러면 나는 고흐가 그린 해바라기나 아몬드나무같이 잘 알려진 식물 그림을 언급하며 예술이라는 테두리 안에서 식물을 소재로 사유를 담거나 아름다움에 목적을 두고 그린 그림이 식물화라면 식물세밀화는 과학 안에서, 식물을 연구하는 과정에서 그려지는 해부도라고. 그러니 오로지 식물의 형태에만 집중해 객관적으로 정확하게 그려야 하는 그림이라고. 그러면 대부분의 사람은 쉽게 이해한다.

이미 친해진 친구들이 내게 가장 자주 하는 질문은 식물 이름에 관한 것이다. "이 식물 이름 뭔지 알아요?" 식물원에 간 날 친구는 꽃잎 안쪽에 화려한 무늬가 있는 식물을 보고 내게 이름을 물었다. "저 꽃은 디기탈리스예요." 내 답에 친구는 놀라며 되물었다. "아, 저게 디기탈리스예요? 탐정물 보면 디기탈리스를 독약으로 많이 써요." "맞아요. 고흐 전기에도 나오는 그 꽃이 바로 디기탈리스예요."

중학교 때 미술관에서 고흐 전시를 본 적이 있다. 원화는 아니었으나, 그의 작품에서 특유의 색감과 화풍보다 먼저 눈에 들어온 건 그림 속 해바라기와 아몬드나무, 양귀비 들판의 잎사귀 같은 식물의 존재였다. 신기하게도 모든 식물의 색이 실제보다 노랗게 보였다. 고흐는 생전 간질과 조울증 증세를 보였고, 그의 주치의는 병을 치료할 약으로 디기탈리스를 처방했다고 한다.

디기탈리스는 우리나라에서도 꽃축제나 드넓은 공원에서 정원을 화려하게 밝혀주는 관상식물이다. 고흐가 음용했던 것처럼 오래전에는 약으로 널리 이용되었을 만큼 간질과 우울증, 심장병 등을 치료하는 효능을 가졌다고 알려져 있었다. 디기탈리스는 강력한 효능만큼이나 강한 독성을 지녔는데, 이 식물에 함유된 디기톡신과 디톡신이란 성분은 시야를 뿌옇게 만들거나 색감이 노랗게 보이게 만들고, 두통과 현기증을 유발하는가 하면, 심하게는 부정맥을 야기해 심정지까지 불러올 수 있다. 많은 연구자는 고흐의 그림이 머금은 노란빛이 바로 디기탈리스의 이런 부작용 때문일 것이라고 이야기한다. 내가 본 노란빛은 그의 눈에 비친, 본의 아니게 왜곡된 색이었던 것이다.

식물세밀화는 식물의 가장 보편적이고 일반적인 형태를 그린 것으로 객관적인 기록을 남기는 것을 목표로 한다. 하지만 식물세밀화도 한 사람이 기록하는 것이므로 개인의 주관이 들어가지 않을 수 없는 일이다. 그래서 나는 늘 생각한다. 이 기록이 과연 얼마나 객관적이고 정확한 기록이라 말할 수 있을까. 아무리 최선을 다해 정직하게 임한다 한들, 내가 있는 곳의 조명이 푸른빛이나 노란빛을 띤다면? 내가 먹는 약이 혹여나 내 시신경에 작

디기탈리스 ──

Digitalis purpurea L.

정원에서 흔하게 볼 수 있는 관상식물 디기탈리스는
약효와 독성을 동시에 지닌 식물이다.

용해 눈에 보이는 이 식물의 색과 형태가 나도 모르게 이미 왜곡된 것이라면? 그렇게 그려진 그림을 일반적이고 보편적이고 객관적인 기록이라 할 수 있을까?

물론 그래서 흰 배경에 식물을 두고 관찰하며 그리고, 조명이 아닌 햇빛 아래서 채색을 하거나 매번 세 개 이상의 개체를 관찰하는 등 오류의 가능성을 피하기 위해 여러 노력을 기울인다. 하지만 그런 과정을 거쳤다고 해서 내 그림이 무조건 정확할 것이라고 생각하는 것은 오만일 뿐임을, 나는 고흐의 그림 속 보이지 않는 디기탈리스의 존재를 통해 알게 되었다.

간질 등 여러 질병에 효과가 있지만 다른 부작용을 일으키는 디기탈리스와 같이, 인간의 입장에서 완벽하지 않은 식물은 많다. 어쩌면 세상 모든 식물이 그럴 것이다. 커피는 적당히 마시면 대사에 활력을 주지만 많이 마시면 심장에 무리를 주고 불면을 유발할 수 있다. 요즘 우리나라에서 인기가 많은 레몬밤은 다이어트에 효과가 있지만 소화 기능을 강화하기 때문에 과하게 먹으면 금방 허기가 지고 오히려 다이어트에 역효과를 불러올 수 있다. 차나무 잎으로 만드는 녹차는 항암효과가 있고 해독작용을 한다고 알려져 있지만 많이 마시면 카페인 때문에 가슴 통증이나 위장 장애가 생길 수도 있다.

몇 년 전에는 시어나무를 그렸다. 아프리카 원산으로 우리나라에서는 볼 수 없는 시어나무는 종자에서 추출한 오일이 시어버터라는 이름으로 화장품과 약에 쓰인다. 보습 효과가 뛰어나 피부를 촉촉하게 만들어주고 류머티즘이나 피부염, 비염 등에도 좋다는 귀한 식물. 미용에 관심이 많았던 클레오파트라는 늘 시어버터를 온몸에 발라 고운 살결을 갖게 되었다고 전해진다. 그러나 완벽할 것 같은 이 식물도 피부 질환을 유발할 수 있다는 부작용을 안고 있다. 물론 화장품과 약으로 가공을 마친 시어버터는 관리만 잘한다면 큰 문제가 없지만 말이다.

그동안 내가 그린 약용식물들도 누군가에게는 부작용만 남기는 독초가 될 수 있었을 것이다. 어쩌면 자연은 늘 내게 말해주고 있었는지도 모른다. 어느 쪽으로도 완벽할 수는 없다는 걸. 약효와 독성을 모두 가진 디기탈리스를 음용한 고흐는 완벽하지 않을지 모르지만 아름답고도 고유한 식물 그림을 남겼다. 나도 내 그림이 완벽히 객관적일 수 없다는 것을 안다. 하지만 그런 상황에서 내가 할 수 있는 일은 우리가 식물의 부작용을 줄이고 최선을 다해 그 약효를 이용하려 노력하듯, 어쩔 수 없는 부분을 받아들이면서 정확하고 객관적인 기록을 위해 최선을 다하는 것뿐이다.

장미 덩굴 뒤에는

비로소 장미의 계절이다. 주택가 담장을 따라, 아파트 울타리를 따라 붉은 장미가 만개했다. 도심에서도 흔히 볼 수 있는 장미가 이토록 주목받았던 시기가 있었나 싶게, 사람들은 여기저기서 장미 이야기를 한다. 코로나19의 여파로 장미축제도 모두 취소되었고, 나들이를 자제해야 하는 시기이기에 일상에서 만나는 장미는 더욱 반가울 수밖에 없다.

장미가 피는 이 계절이면 나는 장미를 그림으로 기록한 식물세밀화가 피에르 조제프 르두테(1759~1840)가 떠오른다. 나만 그런 건 아닐 것이다. 식물 그림을 그리는 사람들에게 장미는 곧 '르두테의 꽃'이다.

프랑스에서 처음 만난 사람들에게 나를 소개할 자리가 있었다. 식물세밀화를 그린다고 하니 "르두테와 같은 일을 하는군요" 라는 대답이 돌아왔다. 신기하게 특별히 식물에 관심 있는 사람이 아니더라도 모두 르두테를 알고 있었다. 우리나라에선 처음 보는 사람에게 내 직업을 이야기하면 "그게 뭐 하는 일이에요?"

'르두테의 꽃'으로도 불리는 장미. '핑크 피스'는 프랑스에서 육성된 꽃이
많이 피는 품종으로 진분홍색의 꽃을 피우며 향기가 짙다.

라는 질문이 되돌아온다. 그러면 나는 내 일에 대한 설명을 늘어놓아야 한다. 프랑스에서는 르두테 덕분에 말을 길게 하지 않아도 된다는 게 참 고맙게 느껴졌다.

식물 기록을 업으로 삼았던 식물학자이자 식물세밀화가 르두테가 대중에 유독 널리 알려진 이유는 그의 어마어마한 후원자들 덕분이다. 그중엔 마리 앙투아네트와 나폴레옹의 아내 조제핀 보나파르트도 있었다. 물론 이 인물들 때문만은 아니다. 르두테는 장미 역사에서 매우 중요한 그림 기록을 남겼다. 그의 장미 기록이 특별한 이유를 설명하기 위해서는 장미 역사를 들여다보아야 한다.

인류가 장미와 함께한 역사는 1867년을 기점으로 나뉜다. 하필 1867년을 기점으로 나누는 것은 이때 라프랑스Rosa 'La France'라는 분홍 장미가 세상에 나왔기 때문이다. 라프랑스는 우리가 오늘날 꽃장식에 쓰는 절화 형태인 하이브리드티Hybrid Tea 장미의 최초 품종으로, 이 장미가 나오기 전까지 인류는 대개 장미 원종이나 자연적으로 개량된 장미만을 즐겼다. 사람들은 기존에 보지 못한 새롭고 이색적이며 특별한 품종을 갖고 싶어했기 때문에, 하이브리드티가 탄생한 뒤로 이전까지 흔히 볼 수 있던 고전적인 정원장미는 점차 사라졌다. 이제 고전 정원장미는 일부 장미 애호가들에 의해 종 보존 차원으로 재배될 뿐이다. 고전 장미를 실제로 만날 일이 좀처럼 없는 우리는 이들을 그림 기록으로 볼 수 있을 따름이다. 르두테는 바로 이 장미를 그림으로 남겼다. 그가 그린 장미 컬렉션『장미들Les roses』은 1917~1924년 세 권의 책으로 출간된 이래 지금까지 식물학적 기록뿐 아니라 예술작품으로도 널리 활용되고 있다.

그러나 르두테의 그림을 보며 내가 궁금한 것은 따로 있었다.

그는 대체 이 많은 장미 생체를 어디서 구해다 관찰했을까?

식물세밀화가들에게 가장 중요한 과제는 '무엇을 그릴 것인가' 그리고 '어디에서 표본을 구할 수 있는가'다. 요리사가 식재료 없이 요리를 할 수 없듯, 세밀화가도 표본인 식물 생체 없이는 그림을 그릴 수 없다. 요리사가 신선하고 질 좋은 식재료만 있다면 최소한의 조리로도 훌륭한 맛을 낼 수 있듯, 세밀화가도 꽃부터 뿌리까지 완벽한 형태의 생체만 있다면 큰 수고 없이 정확한 그림을 완성할 수 있다.

그려야 할 식물이 어디에 있는지 찾는 일은 생각보다 매우 까다로운 일이다. 이 과정을 까다롭다고 표현하는 데는 이유가 있다. 다른 작업은 주로 나 혼자 할 수 있지만, 식물을 찾을 때만은 사람들에게 연락하고 부탁을 해야 하는 경우가 생기기 때문이다. 다른 사람들에게 아쉬운 소리를 하는 게 내게는 참 어렵다. 그래도 식물을 보겠다는 생각 하나로 수소문을 한다. 자생식물은 논문을 비롯한 문헌을 살피고, 해당 분류군을 연구하는 학자에게 연락을 취한다. 식물 사진을 찍으러 다니는 야생화 동호회에서 내가 찾는 식물을 본 사람이 있는지, 어디에서 봤는지 수소문하기도 한다. 동호회 사람들은 필드를 워낙 자주 다니기 때문에 자생지 정보를 꿰고 있는 이가 많다.

한편 장미 같은 재배식물은 육성자를 찾거나, 해당 식물을 재배하는 농장의 도움을 받는 수밖에 없다. 개체가 열 종 안팎이면 내가 직접 재배하기도 하지만, 르두테의 장미 컬렉션처럼 수십 수백 종에 달하면 그 많은 식물 묘목을 직접 구입해 재배까지 해서 그린다는 건 물리적으로 불가능하다. 나는 단 스무 종의 블루베리를 기록할 때도 춘천의 블루베리 농장에 매일같이 드나들며 그곳의 블루베리를 관찰했다. 농장주가 이 블루베리 기록의 후

142

원자였던 셈이다.

르두테가 그린 약 170여 종의 장미는 세계 곳곳을 원산지로 하는 주요 품종들이다. 그가 짧은 시간 세계를 여행하며 이 모든 장미 생체를 수집해 그렸을 리 만무한 일. 이미 누군가가 수집해 놓은 장미를 그린 것이 분명했다.

르두테는 표본이나 스케치를 거의 남기지 않아 그림 속 식물의 출처를 일일이 알 수 없지만, 그가 그린 장미는 파리 외곽에 위치한 말메종성 Château de Malmaison의 정원에서 왔다는 게 잘 알려진 사실이다. 말메종은 나폴레옹의 첫 아내 조제핀이 인생의 마지막 시간을 보낸 집이다. 르두테는 후원자였던 조제핀의 장미 정원에 식재된 생체를 재료 삼아 그림을 그렸다.

그렇다면 조제핀은 왜 그 많은 장미를 정원에 심었을까? 당시 프랑스에서는 장미가 현금처럼 거래되고 투기의 대상이기도 했다지만, 여러 기록을 보아 조제핀은 날 때부터 장미를 사랑한 것 같다. 그는 사람들에게 '로즈'라는 이름으로 불리길 원했고, 세계 곳곳의 장미 재배자들과 교류하며 능력껏 전 세계 장미를 말메종에 수집했다. 말메종의 장미 정원은 오로지 조제핀의 장미 사랑, 장미 수집 욕구가 만들어낸 장미 박물관이다. 르두테로 하여금 이 장미들을 기록하게 한 이도 바로 그였다.

그러니 르두테의 장미 컬렉션은 오로지 르두테 혼자서 완성한 게 아니라고도 할 수 있다. 기록을 위해 희생된 수많은 장미 송이, 그 장미들을 수집해 식재하고 재배한 원예가, 그리고 이 모든 일을 기획한 조제핀도 그의 장미 컬렉션에 일조했다.

내가 그리는 그림도 나 혼자만의 힘으로는 완성할 수 없다. 식물세밀화 기록 뒤에는 화가가 그림을 그릴 수 있도록 그에 앞서 식물을 연구한 식물학자가 있다. 국가 기록물이라면 취지를 이해하는 행정가도 있어야 하고, 예산도 뒷받침되어야 한다. 예산도 넉넉하지 않은데 식물세밀화 말고 사진을 넣자거나, 아예 이미지를 빼자는 사람들도 종종 있다. 이런 만류에도 "꼭 그림으로 들어가야 합니다!"라며 그림 기록의 중요성을 이야기해준 이들이 있었기에 내 그림도 세상에 나올 수 있었다. 식물과 관련된 일을 하는 사람들이 가장 많이 본다는 국가 발행 식물용어집이나 도감 같은 책도 모두 이런 고집으로 탄생했다. 기획 단계에서뿐 아니라 기록할 식물을 찾고, 채집하고, 완성된 그림을 디지털 데이터로 만들기 위해 고화질로 스캔하고, 책으로 인쇄하기까지 수많은 사람의 노고가 들어간다.

화단의 식물도 마찬가지다. 식물을 공부하고부터는 꽃 한 송이를 만나도 이 꽃이 피어나기까지 지나온 수많은 사람을 떠올려보게 된다. 원종을 발견해 이름을 붙인 식물학자, 관상적 가치를 예견해 새로운 품종으로 탄생시킨 육종가, 그리고 수많은 장미 중에서 하필 이 품종을 선택해 심은 사람. 담장 너머 장미에는 내가 모르는 동네 어르신의 손길이 묻어 있을 수도 있다. 여름이면 화려하게 피어나는 장미는 우리 생각보다 훨씬 더 많은 사람의 손길을 거쳐 그곳에 존재한다. 그들을 떠올리면 장미를 실컷 볼 수 있는 이 계절이 참 소중하게 느껴진다.

나를 지키기 위한 가시

오늘도 등산복에 등산화를 신고 구과들을 찾느라 등산로도 없는 숲을 올라다닌다. 검지손가락에는 반창고가 붙어 있다. 며칠 전에 해당화를 그리려 열매를 채집하다 가시에 찔렸기 때문이다. 해당화는 아름답고 아프다.

식물 연구자들의 팔이나 손에는 상처가 하나둘쯤 있기 마련이다. 조사를 다니다 날카로운 가시에 찔리는 건 일상이고, 운이 나쁘면 뾰족한 나뭇가지에 얼굴이 찢겨 꿰매거나, 산에서 심하게 미끄러져 평생 후유증을 달고 사는 경우도 있다. 게다가 식물이 있는 곳에는 동물도 있기 마련이라, 곤충에 물려서 얼굴이 부어오르거나 알레르기 반응으로 응급실에 가는 경우도 많다. 나역시 긴팔에 긴바지를 입고 다니는데도 곤충에게 다리 곳곳을 물려 병원을 다니고 있다. 어떤 직업이든 이 정도 고충이 없겠냐마는, 아름다운 해당화가 뾰족한 가시를 숨기고 있듯 평화롭게만 보이는 식물 연구에두 이런 속사정이 있다.

이미지와는 다른 실제 모습, 생각지 못했던 이면을 두고 사람들은 '장미 가시' 같다고 표현한다. 줄기 전반에 뾰족한 기관인 가시가 돋친 장미는 내 손가락을 찌른 해당화와 친척뻘이다. 이들이 속한 장미속은 대부분 몸 전체에 날카로운 가시를 지니고 있다. 특히 장미는 향수 산업에 기여가 가장 클 정도로 향기로운 꽃을 피운다. 그런 장미를 주변 동물이 가만히 둘 리 없다. 그래서 곤충이 꽃을 향해 기어오르지 못하도록 장미 줄기에 가시가 생겼을 거라고 학자들은 추측한다.

그러니까 식물의 가시에는 저마다 존재의 이유가 있는 것이다. 내가 가시에 늘 찔리면서도 아무 일 아닌 듯 담대할 수 있는 건 그 이유를 이해하기 때문이다. 가시는 언뜻 매우 공격적인 듯 보이지만, 식물의 삶을 들여다보면 사실 주변 환경으로부터 자신을 지키기 위한 최소한의 방어책으로 생겨난 기관이다. 우리 인간은 이 가시의 존재가 껄끄러워 가시 없는 선인장과 장미를 만들어내기도 했다.

물론 장미 가시는 일반적인 가시가 아니다. 가시에는 일반적으로 줄기와 가지가 변형된 형태나 잎의 일부분이 변형된 형태가 있는데, 장미 가시는 식물 표피의 일부가 튀어나온 것으로, 뿌리가 깊지 않아 쉽게 부서진다.

가시가 있는 식물을 그릴 때는 채집 과정부터 좀더 조심하게 된다. 해당화를 그릴 때도 그랬다. 해당화를 발견한 후 가까이 다가갈 때면 나는 입은 등산복이 찢어질까

장미속 식물인 우리나라 자생식물 해당화 역시 가지에 가시가 있다.

146

조심히 자리를 잡는다. 가위로 줄기를 잘라 채집 봉투에 넣은 뒤 밀봉해도 가시에 구멍이 뚫려 찢어지기 십상이다. 작업실에서 채집해 온 가지를 현미경으로 관찰할 때도 혹여나 몸에 스치거나 바닥에 떨어져 강아지가 다치는 일이 생기지 않도록 유의해야 한다. 동물로부터 스스로를 지키려는 해당화의 의도대로, 내 움직임도 조심스러워진다.

'왜 가시가 있어서 날 힘들게 하는 거야!'라며 해당화를 탓해봐야 소용없다. 그러기 위해 존재하는 기관이니까. 채집을 하겠다고 해당화에 손을 댄 내 탓이다. 결국 가시에 찔리는 건 식물을 그리는 내 숙명이라고 받아들이게 된다. '그래…… 너는 너를 지켜야지. 나도 나를 지킬게.' 그리고 상처에 연고를 바른다.

장미속 식물보다 더 공격적인 가시로 무장한 식물도 있다. 비가 자주 오지 않아 건조한 사막에서 살아남기 위해 뿌리와 잎이라는 최소한의 기관으로 진화한 선인장은, 가끔 비가 오거나 아침 이슬이 맺히면 그것을 조금씩 모아 잎 안에 수분을 저장해둔다. 이런 선인장을 초식동물들이 가만히 둘 리 없다. 그래서 선인장은 동물이 다가오지 못하도록 잎 표면에 뾰족한 가시를 만들어냈다. 벌레잡이식물 중 하나인 파리지옥은 번식력이 강한 식물들에게 밀려나 숲 한가운데서 척박한 물가로 내쫓기는 바람에 주변에 먹을 것이 없는 환경에서 자라게 됐다. 그들은 살아남기 위해 근처에 있는 동물을 유인해 사로잡으려고 가시 돋친 잎을 만들어냈다.

선인장이나 파리지옥처럼 가시를 겉으로 드러내고 있지는 않지만, 나 역시 가끔 예전보다 부쩍 예민해진 내 모습에 놀랄 때가 있다. 누구나 그렇듯 살다 보면 종종 무례한 이들을 만나고 당혹스러운 일을 겪기 마련이다. 이런 일들로부터 나를 지키기 위해서는 더 예민하고 날카로워져야 한다는 것을, 이 일을 한 지 10년이 지나서야 알게 되었다. 나를 지킬 수 있는 사람은 결국 나 자신밖에 없다. 그렇게 내 가시도 점점 더 뾰족하고 단단해져간다.

이런 내 가시를 잘라낼 생각은 없다. 주변을 살피다 더 뾰족한 가시가 필요해지면, 나는 의도적으로 더 뾰족한 가시를 만들 것이다. 반대로 나 자신을 누그러뜨려야 하는 상황에선 가시를 둥글고 매끈하게 변하게도 할 것이다. 식물은 움직임이 적어 늘 뾰족한 가시를 달게 되었지만, 나는 자유로이 움직일 수 있는 동물이다. 어쩌면 이것이 내게 주어진 특권일지 모르니 나도 내 가시로 스스로를, 또 내게 소중한 것들을 지켜나가야겠다.

베트남의 친구

2019년 여름 친한 친구를 만나러 베트남 호찌민에 짧은 휴가를 다녀왔다. 베트남에서 직장에 다니는 그의 직업은 동물 인형을 만드는 디자이너다. 그가 만든 인형은 전 세계 자연사박물관 내 상점에 납품된다고 했다. 사실 그가 원래부터 동물 인형을 만든 것은 아니었다. 우리는 한국의 수목원에서 처음 만났다. 조경학과를 졸업하고 수목원에서 인턴으로 일하던 그는 여성 원예가로 정규직 취업이 어려운 현실에 한계를 느끼고 베트남으로 떠났다. 친구는 평소에도 베트남의 식물 사진을 자주 찍어 보내주었다. 나는 그게 참 슬펐다. 식물을 향한 미련이 담겨 있는 것처럼 느껴졌기 때문이다.

하루는 집 앞 화단에 바나나 줄기 덩이가 떨어져 회사에 가져가서 덜 익은 바나나를 조미료에 찍어 먹었다며 사진을 보내왔고, 또 하루는 파파야를 나물처럼 무쳐 먹은 사진을 보여주었다. 베트남 사람들은 우리가 과일로 먹는 것들을 오이나 당근 먹듯 양념해 채소처럼 먹는다고 했다. 식물을 우리와는 매우 다른 방식으로 바라본다고, 언젠가 베트남에 오면 꼭 이 모든 장면을 실제로 보여주겠다고 그는 말했다.

그러고도 몇 년이 지나서야 나는 호찌민에 갈 수 있었다. 시내에서 만난 우리는 허기에 쌀국숫집부터 들어갔다. 식당에서 내준 물병에는 마개 대신 돌돌 만 바나나 잎이 꽂혀 있었다. 내가 놀라자 친구는 여기선 바나나 잎을 이렇게 쓰는 게 흔한 일이라며 대수롭지 않은 듯 이야기했다. 유난스러운 건 나였다.

여행을 하는 동안 식탁 위 수저받침 대신 놓인 바나나 잎, 마트나 시장에서 채소를 싸고 있는 바나나 잎, 도시락통을 감싸고 있는 바나나 잎 등 다양하게 쓰이는 바나나 잎을 보았다. 우리가 매일 쓰는 일회용 종이·플라스틱 포장재나 그릇의 역할을 이곳에선 바나나 잎이 해내고 있었다.

바나나 잎은 내 얼굴보다 훨씬 더 크고 두께도 두꺼웠으며 섬유질이 많아 질겼다. 잎 표면은 왁스를 바른 듯 코팅이 되어 있어 방수가 잘되는 비닐 역할도 제법 할 수 있었다. 게다가 접시와 그릇은 아무리 깨끗하게 닦아도 세제가 남기 마련이지만, 바나나는 먼지가 잘 달라붙지 않기 때문에 물로만 닦아도 깨끗하다고 했다. 베트남에서는 바나나 잎뿐만 아니라 비슷한 재질인 판단* 잎이나 코코넛 껍질, 대나무와 연잎을 활용한다. 이곳 사람들은 식재료를 찌거나 구울 때도 바나나 잎에 싸서 요리하는데, 이렇게 하면 특유의 달콤한 향이 음식에 배어드는 동시에 재료는 촉촉하게 유지된다. 무엇보다 재료의 영양분 파괴도 줄일 수 있다.

---

* 판다누스과의 열대식물. 향긋한 맛과 향 때문에 동남아시아에서 식재료로 널리 쓰인다.

바나나

Musa x *paradisiaca* L.

Fruit

Leaf

파초과 식물인 바나나는 열매를 얻기 위해 재배됐지만 함께 피어나는 꽃도
요리 재료로 쓰인다. 잎은 포장재와 접시 등 생활용품으로 두루 쓰이고,
뿌리는 약재가 되기도 한다. 바나나 잎은 대체로 진녹색인데, 흰색이 섞이거나
자주색과 연두색이 섞인 품종도 있다. 번호순으로 수형, 줄기 단면, 잎, 꽃,
열매, 열매 가로 단면, 열매 세로 단면, 씨앗.

베트남에서 바나나만큼 자주 본 식물은 공심채였다. 나는 호찌민을 여행하는 내내 더위에 지쳐 과일 주스를 입에 달고 지냈다. 높은 온도와 습도 때문인지 가는 길마다 주스 가게가 늘어서 있었다. 메뉴판을 가득 채운 다양한 과일 주스와 커피 덕분에 여행 내내 달콤하고 시원한 음료를 마실 수 있었다. 행복한 마음으로 음료수를 받아들 때마다 함께 건네받은 것은 일회용 플라스틱 빨대를 대신하는 공심채 줄기였다. 처음엔 줄기의 촉감이 익숙하지 않아 음료를 살짝살짝 들이마셨지만 조심스러움도 잠시, 주스는 플라스틱 빨대보다 더 빠르게 쭉쭉 올라왔고 그 속에 든 과육까지 그대로 입안에 들어왔다. 그 맛을 알게 되면서 줄기를 통해 과육과 과즙을 마시는 데 익숙해졌다. 공심채 줄기는 시간이 지나도 종이 빨대처럼 흐물흐물해지지 않고 단단했다. 커다란 구멍은 놀라운 속도로 모든 액체를 순식간에 통과시켰다. 베트남의 뙤약볕 아래서 공심채 빨대로 마시던 탄산음료의 상쾌함을 나는 아직도 잊을 수 없다.

공심채는 아시아에서 흔히 볼 수 있는 채소다. 중국, 베트남, 태국 등 동남아시아에서는 공심채 잎과 어린줄기를 굴소스, 간장 등에 볶아 반찬으로 많이 먹는다. 우리나라에서도 동남아 요리가 인기를 끌면서 식당에서 공심채볶음을 흔히 만날 수 있게 됐고, 제주 등 남부 지역에서는 재배도 한다는 이야기를 들었다.

몇 년 전 코스타리카 해변에서 발견된 바다거북 영상을 보았다. 거북이는 코에 박힌 빨대 때문에 괴로워하는 영상을 보고 있었다. 나는 더 이상 플라스틱 빨대를 쓰지 않는다. 내 주변 친구들도 마찬가지다. 플라스틱 빨대 쓰레기가 해양 오염의 원인으로 거론된 후론 아무리 편리해도 쓸 마음이 들지 않는다.

세계적인 음료 체인점들이 플라스틱 사용을 중단하면서 우

Ipomoea aquatica Forssk.

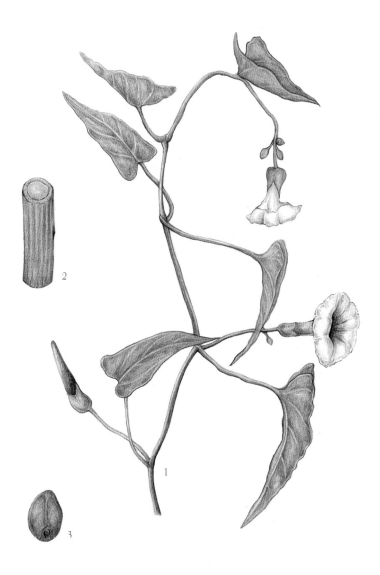

줄기 속이 빈 메꽃과 식물인 공심채. 동남아 등지에서는 이 줄기를 빨대로
이용한다. 번호순으로 꽃과 잎이 달린 줄기, 줄기 단면, 씨앗.

리나라 요식업계도 그에 영향을 받아 플라스틱 대신 종이나 유리, 스테인리스 빨대를 이용하기 시작했다. 물론 종이는 시간이 지나면 흐물흐물해지고, 유리나 스테인리스는 입에 닿는 느낌이 좋지 않다는 불평도 나온다. 그러나 빨대로 괴로워하는 바다거북의 모습이 곧 우리의 미래가 될 수도 있다는 것을 모두가 잘 안다. 그래서 점점 더 많은 사람이 각자 취향에 맞는 대체재를 찾아가는 중이다. 중요한 것은 마트나 시장에서 비닐로 깨끗이 포장된 채소 대신 식물 잎으로 싸인 식재료를 선택할 수 있는 마음, 조금 더 불편하고 덜 깨끗해 보일지라도 500여 년간 썩지 않을 스티로폼 대신 친환경 식물 자원을 활용하는 약간의 수고를 감내하는 태도일 것이다.

베트남에서 지낸 며칠 동안 풍부한 식물 자원을 가진 나라의 여유로움과 그 자원을 귀하게 여기는 사람들의 마음을 생활 전반에서 느낄 수 있었다. 이러니 민속식물*이 발달할 수밖에 없었을 것이다. 나는 친구에게 이곳에 살면서 민속식물을 자연스럽게 경험할 수 있으니 부럽다고 했다. 친구는 한국에 있는 내가 부럽다고 했다. 베트남은 늘 여름이라 봄에 피는 한국의 벚꽃과 가을 단풍이 그립다고. 늘 여름옷만 입고 다니니 시간의 흐름에 대한 감각도 무뎌진다고 했다. 그 말을 듣고 생각해보니 나 역시 지난날을 회상할 때 입었던 옷이나 날씨로 기억을 차츰 떠올리곤 했던 것 같다. 계절이란 우리 인생에서 별것 아닌 듯하면서도, 실은 전부일지 모르겠다는 생각을 했다.

그는 베트남의 울창한 숲과 풍성한 식재료, 그리고 주어진 자원을 소중히 여기며 욕심을 부리지 않는 그곳 사람들의 태도가

---

*　전통적으로 다양한 목적을 위해 이용되어온 식물.

한국을 그리워하는 와중에도 호찌민에서의 삶에 애착을 가지게 해준다고 했다. 이 애착은 식물과 함께하는 일에 대한 아쉬움과 관련이 있는지도 모르겠다. 그가 그곳 사람들처럼 풍요로운 식물을 가까이에서 실컷 만나고, 만지고, 사랑하고 돌아오기만을 바랄 뿐이다.

우리나라에서 만나는 열대 과일

나는 과일을 참 좋아한다. 여행지에 가서도 꼭 그곳의 과일을 맛본다. 이탈리아에서는 요리 재료로 쓰는 다양한 토마토를, 프랑스에서는 와인의 재료인 포도를, 그리고 따뜻한 동남아시아 나라에 가서는 향이 진하고 달콤한 열대 과일을 먹는 것이 낙이었다.

여행지에서 먹었던 과일 중에는 패션프루트가 있다. 언젠가 오스트레일리아에 사는 친구가 패션프루트 요거트와 주스 사진을 보여주었다. 신기한 생김새와 쨍한 색을 보고 맛이 어떤지 물으니 친구는 대답했다. "시고 약간 쓸쓸하면서도 단맛이 나." 도대체 어떤 맛이길래 달고 쓰고 시다는 거지? 그리고 쓰고 시다면서 왜 그렇게 자주 먹지? 설명을 듣고는 맛이 더욱 궁금해졌다. 그 후로 또 한참의 시간이 지나 드디어 나는 패션프루트를 맛보게 되었다. 싱가포르의 한 식당에서 패션프루트 주스를 발견한 것이다. 주스를 한 모금 머금는 순간 시큼한 맛이 강하게 느껴졌다. 약간 떫기도 했다. 미묘한 맛이라고 생각하면서도 한 잔을 다

Passiflora edulis Sims

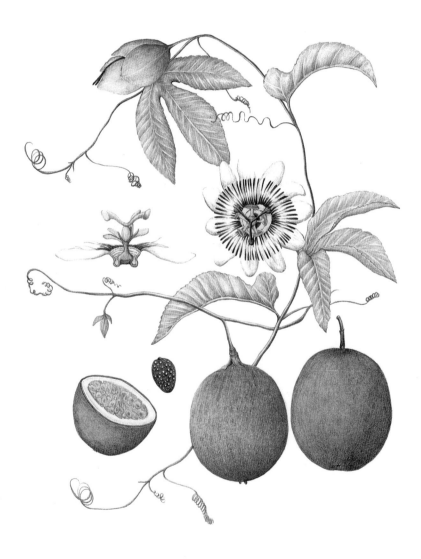

우리나라에서 가장 많이 재배되는 열대 과일인 패션프루트. 붉은색과 노란색
두 가지 열매를 맺는데, 우리나라에서는 붉은색 열매 품종만 재배된다.

비웠다. 그 후로 나는 패션프루트를 자주 찾게 되었다. 그만큼 중독성이 강한 맛이었다.

한번은 베트남에 갔다가 식당 메뉴판에 한글로 '열정과일 주스'라고 적힌 음료를 보았다. 열정과일 주스라니 도대체 무슨 주스일까 한참을 고민했더니 함께 있던 친구가 패션프루트 아니겠냐는 그럴듯해 보이는 추측을 내놓았다. 듣고 보니 패션프루트 passionfruit의 패션passion을 '열정'이라 해석해 열정과일 주스라고 쓴 모양이었다.

그러나 패션프루트는 사실 고난을 상징하는 과일이다. 16세기 이 과일을 처음 발견한 스페인 선교사들이 이 식물의 보라색 꽃을 보고 예수가 십자가에 못 박힌 상처를 떠올리게 한다 하여 '플로르 파시오니스flor passionis', 즉 고난의 꽃이라고 이름 붙인 것이 패션프루트라는 이름의 유래다. 우리나라에서는 패션프루트를 백향과라고도 부른다. 백 가지 향과 맛이 나는 과일이라는 의미다.

최근에는 우리나라에서도 여행지에서나 맛보았던 열대 과일들을 흔히 볼 수 있게 되었다. 패션프루트뿐 아니라 망고 용과 파파야 두리안 등도 쉽게 찾아볼 수 있다. 과일을 살 수 있는 곳이라면 어디든 사과와 배 같은 익숙한 과일들 옆에서 이런 이국 과일들을 만날 수 있다. 제주산 귤 옆에는 제주에서 재배되는 망고와 아보카도, 구아바도 나란히 놓여 있다. 이들이 유통되는 농산물 도매시장에 가면 한쪽으로 수입 과일을 판매하는 상점들이 줄지어 들어선 것을 볼 수 있다.

자유무역협정FTA이 체결된 후, 체리 레몬 오렌지 같은 수입 과일 가격이 저렴해지면서 사람들은 어디서나 만날 수 있는 수입 과일들을 친숙하게 느끼기 시작했다. 동시에 해외 여행객

지구온난화로 열대 과일 재배지가 북상하면서 우리나라에서도 열대 과일을
만날 수 있게 됐다. 또 그 종류와 재배 면적도 해마다 늘고 있다.
그림은 제주도에서 재배되는 열대 과일 레드베이베리, 망고, 용과, 아보카도.

이 늘어 따뜻한 나라에서 맛보던 달고 향이 진한 열대·아열대 과일을 찾는 소비자도 크게 늘었다. 결정적으로 기후변화로 인해 평균 기온이 상승하면서 우리나라에서도 일부 아열대 작물을 재배할 수 있게 되었고, 아열대 작물로 농사를 짓는 농민들이 나타나기 시작했다. 새로운 작물을 재배하는 일은 겉으로 멋지게 보이지만 그만큼 어려움도 뒤따른다. 소비자들이 이 작물을 얼마나 찾아줄지에 대한 확신도 없는 상태에서 농사를 지어야 하고, 토양도 기후도 새로운 환경에서 비료는 얼마나 주어야 하는지, 병해충에는 어떻게 대처해야 하는지 하나부터 열까지 모든 것이 도전이다.

기후변화는 과일 소비에도 변화를 불러왔다. 기온이 높아지며 농사가 가능해지자 농약을 치지 않은 국산 바나나와 패션프루트, 망고 등 맛이 진한 열대 과일을 먹을 수 있게 되었다. 그러다 보니 맛과 향이 강하지 않은 사과와 배, 감, 참외 같은 기존 과일들은 소비량이 점점 줄어들었다. 하지만 달고 자극적인 맛의 열대 과일을 늘 먹다 보면, 시원하고 담백한 우리 전통 과일들이 그리워지는 때가 있을 것이다. 그때 이 과일들을 다시 만날 수 없다면 어떨까?

이런 변화를 좋다 나쁘다 단정 지을 순 없다. 도시의 식물은 저마다의 이유로 나타나고 사라지기를 반복해왔다. 우리가 자주 먹는 고추와 감자, 가지 역시 원래부터 이 땅에 살았던 게 아니라 도입되어 자리를 잡은 아열대 채소들이다. 지금 많은 사람에게 사랑받는 열대 과일의 인기도 언제까지 지속될지 알 수 없다.

수십 년 후 여든의 할머니가 된 내가 그즈음의 도시 과일들을 그린다면 어떤 과일을 그리게 될지 상상해본 적이 있다. 강원도 산간에서 재배될 사과, 전국 각지에서 나올 감귤류와 열대 과

일들. 어쩌면 내가 알지 못하는, 지금껏 만나본 적 없는 미지의
열매를 그리게 될지도 모를 일이다. 자연은 늘 예측할 수 없는
방향으로 흘러간다.

벌레잡이식물과 여성 원예가

사람들은 식물을 통해 마음의 안정과 고요, 심신의 평화를 얻으려 한다. 시끄러운 현대사회에서 최근 식물이 각광을 받는 건, 식물의 이런 정적인 이미지 때문일지 모르겠다.

하지만 늘 그들의 삶을 좇고 관찰하며 지내다 보면, 식물이 우리 생각처럼 그렇게 느리고 수동적이지만은 않다는 사실을 깨닫게 된다. 우리 눈에 보이지 않을 뿐, 그들은 뿌리내린 장소에서 주어진 것만으로 살아가기 위해 무던히도 애쓰며 바삐 움직이고 있다. 그런 움직임을 가장 적극적으로 보여주는 식물 중 하나가 바로 곤충과 같은 작은 동물들을 먹고 사는 벌레잡이식물이다.

동물의 먹이라고만 생각했던 그 작고 느린 식물이 저보다 빠르고 커다란 동물을 먹는다는 건 쉽게 상상이 되지 않는다. 하지만 지금도 벌레잡이식물들은 땅에 뿌리를 고정한 채 어딘가에서 작디작은 곤충부터 커다란 쥐까지 다양한 동물을 잡아먹으며 살아가고 있다.

벌레잡이식물들은 생김새도 남다르다. 날카로운 톱니가 달린 두 잎이 입을 여닫고 있거나, 끈적끈적한 액체를 잎 전체에 두르고 있거나, 긴 항아리 모양의 잎을 가지고 있기도 하다. 그 모습이 마치 전쟁터의 무기처럼 무시무시하게도 보인다.

오래전 벌레잡이식물을 그려야 해서 경기도 외곽의 벌레잡이식물 농장을 찾은 적이 있다. 100여 평 정도 되는 투박한 비닐 온실에 들어서자, 중년의 원예가가 식물을 둘러보라며 직접 안내를 해주었다. 파리지옥과 네펜데스, 사라세니아, 끈끈이주걱이 보였다. 과연 벌레잡이 전문 농장답게 식물들은 상태가 매우 좋았다. 끈끈이주걱엔 액체가 흥건했고, 벌레잡이제비꽃도 꽃을 활짝 피우고 있었다.

식물을 둘러본 후 구입할 화분 세 개를 들고 계산대로 갔다. 바로 계산해줄 줄 알았는데, 그는 어딘가에서 종이 한 장을 꺼냈다. 종이에는 벌레잡이식물의 정의부터 원산지, 주요 종의 이름, 재배 방법 등이 소상히 쓰여 있었다.

"지금 구입하시는 건 카펜시스 끈끈이주걱 '와이드'예요. 애들은 넓고 깊게 저면관수를 유지해줘야 하고요. 사라세니아푸푸레아는 해마다 포기가 늘어나서 풍성해져요. 야외에서는 벌레를 많이 먹는 대식가예요. 애들도 저면관수해주시고요. 그리고 파리지옥 '빅마우스'는 꽃이 필 때 에너지 소모가 크니까 꽃대를 빨리 제거해주시는 게 좋아요."

벌레잡이제비꽃은 다른 벌레잡이식물에 비해 평범해 보이시만 공기 중의 세균과 작은 곤충을 잡아먹으며 살아간다.

163

그는 종이에 밑줄을 그어가며 내가 고른 식물들의 재배 방법을 상세히 일러주었다. 마치 소중한 보물을 맡기며 잘 돌봐달라고 부탁하는 것 같았다.

"재배하시다가 잘 모르겠는 게 있으면 전화 주시고요. 상태가 안 좋아지면 가져와서 안내를 받으셔야 해요."

계산대 옆에 있던, 직접 썼다는 벌레잡이식물 책을 구입해 나오면서 나는 살아 있는 생물을 정성스레 대하는 그의 정성과 한 식물 종만을 재배하고 판매하는 애정 어린 집념에 감동을 느꼈다. 무엇보다 우리나라에서 처음으로 벌레잡이식물 전문 농장을 만들고, 벌레잡이식물 동호회를 이끈 대가가 중년의 여성이라는 사실이 무척이나 기뻤다. 벌레잡이식물과 여성 원예가라니! 둘은 너무 잘 어울리는 조합이라고 생각했다.

모든 일엔 인과가 따르듯 벌레잡이식물도 처음부터 늪에서 동물을 잡아먹었던 건 아니다. 벌레잡이식물은 원래 기름진 땅에 살던 평범한 식물이었다. 이들은 다른 식물에 비해 작고 힘이 약해 식물사회에서 점점 밖으로 밀려나 양분이 없는 척박한 땅으로 쫓겨났다. 들과 산에서 멀어져 생물이 살기 어려운 늪지대로 쫓기다 보니 그곳에선 먹을 양분이 충분하지 않았다. 결국 벌레잡이식물은 주변에 오는 동물을 잡아먹으며 살아가는 데 필요한 양분을 충족하는 형태로 진화하게 되었다.

땅에 뿌리를 내리고 가만히 서 있는 식물이 자신보다 빨리 움직이는 동물을 잡아먹게 되기까지, 그 진화의 과정은 식물로서도 불가능에 가까운 도전이었을 것이다. 하지만 그들에겐 다른 선택지가 없었다. 동물을 잡아먹지 않으면 죽는다.

벌레잡이식물은 커다랗고 빠른 동물을 잡아먹기 위해 철저한 계획을 설계했다. 첫 단계는 어쩌다 근처에 온 동물을 더 가

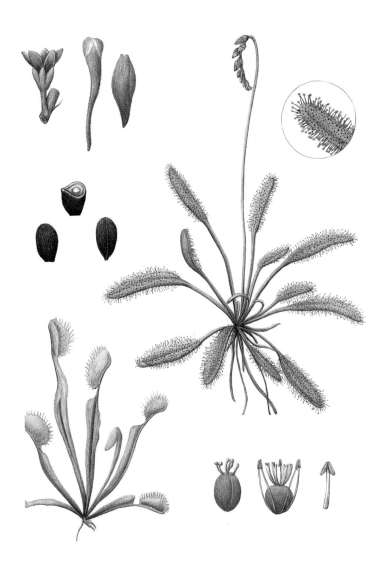

파리지옥 '빅마우스'(왼쪽)는 두 장의 벌린 잎 안에 동물이 들어오면 잡아먹는다.
카펜시스 끈끈이주걱 '와이드'는 잎 표면의 끈끈한 점액질에
동물이 달라붙으면 녹여서 먹는다.

까이 다가오도록 유인하는 것이다. 식물이 고안해낸 전략은 동물이 좋아하는 달큰한 향기를 내뿜어 스스로 다가오도록 하는 것. 멀리 있던 작은 동물들은 좋아하는 냄새를 맡고 식물이 있는 곳으로 다가온다.

이제 식물은 두 번째 단계를 실행한다. 동물을 더 가까이, 자기 손바닥 안으로 끌어들이는 것이다. 본격적으로 동물을 잡아먹기 위해 전략은 더 구체적이어야 한다. 네펜데스와 사라세니아는 긴 항아리 모양의 주머니 잎에 동물을 빠뜨릴 지뢰를 놓는다. 파리지옥은 겹쳐 있던 두 잎을 벌리고 있다가 벌레가 들어오면 잎을 닫아 포획한다. (식물이 느리다는 건 우리의 선입견일 뿐이다. 벌레잡이식물 중 가장 빠르다는 알드로반다는 100분의 1초의 포획 속도로 동물을 사로잡는다.) 한번 닿으면 도저히 빠져나갈 수 없는 본드처럼 끈끈한 점액질을 내뿜는 끈끈이주걱은 달라붙은 동물을 놓아주지 않는다.

세 번째 단계는 손안에 넣은 동물을 비로소 잡아먹는 것. 식물이 잡아들인 먹이는 자기보다 빠른 동물이기에, 완전히 입안에 넣기 전까지 절대 안심할 수 없다. 동물은 언제든 도망갈 수 있다. 긴 항아리 모양 잎에 동물을 빠뜨린 네펜데스는 평소 주머니에 액체를 머금고 있다. 그러다 동물이 빠지면 액체는 산성으로 변해 동물의 몸을 녹인다. 파리지옥은 동물이 잡히면 소화액을 내뿜어 동물을 완전히 기절시킨다. 끈끈이주걱은 잎의 끈끈한 점액질에 달라붙은 동물을 오랜 시간 움직이지 못하게 해 결국 지쳐 죽도록 만든다.

이 모든 단계를 거쳐 벌레잡이식물은 마침내 동물의 양분을 천천히 녹여가며 섭취한다.

사람들이 신기하게 생겼다며 좋아하거나, 무섭게 생겼다며 기피하는 벌레잡이식물의 형태가 내게는 어쩐지 참 슬프게 느껴진다. 다른 식물들에선 보지 못했던 그들의 기이하고 생소한 형태는 생존을 위한 몸부림의 결과이기 때문이다.

약하고 작아 식물사회에서 멀어져 생존의 절벽 끝에 선 외톨이 식물들이 긴 시간이 지나 그들보다 크고 센 동물을 잡아먹는 강인한 힘을 가질 수 있었던 건, 강한 생존 의지와 끈질긴 노력 덕분이다. 벌레잡이농장에서 데려온 식물들을 볼 때면 그 진화의 역사가 떠올라 이들만큼은 꼭 최상의 환경에서 재배해줘야겠다는 책임감을 느낀다.

밟힐수록 강해지는 식물

대학교에서 잔디학 수업을 들었다. 잔디에 특별히 관심이 있었던 건 아니지만 전공필수 과목이었다. 수업에 들어온 학생 대부분이 잔디에 딱히 관심이 없다는 것을 교수님도 아셨는지 수업 첫날부터 잔디와 취업에 관한 이야기를 꺼냈다. 잔디가 골프장이나 운동장에 널리 이용되며, 우리나라에 골프장은 몇 개나 있는지, 그리고 앞으로 얼마나 늘어날 것인지 같은 이야기. 나는 그런 이야기에는 관심이 없었다. 내 흥미를 끄는 주제는 따로 있었다. 바로 잔디의 '내답압성耐踏壓性'이다.

표준국어대사전에서 내답압성이란 단어를 찾아보면 "보리밭 따위의 농경지가 답압에 대해 고유의 성질을 유지하려는 성질"이라고 정의되어 있다. 밟아도 본래대로 돌아오는 성질, 밟아서 생기는 상처 등에 강한 성질. 이것이 잔디의 가장 중요한 특성이다.

길가의 풀—정확히는 식물 지상부에 속하는 줄기, 잎, 꽃, 열매, 씨앗은 인간에게 짓밟히면 본래의 형태로 돌아가지 못하고 서서히 죽게 된다. 물론 한두 번 밟힌다고 식물이 쉽사리 죽어버리는 건 아니지만, 꺾이거나 잘릴 정도로 훼손을 입으면 생명력을 잃을 수 있다. 식물은 움직이지 못하기에 동물의 무자비한 폭력에도 꼼짝 없이 당할 수밖에 없다.

그러나 잔디는 다르다. 무언가에 눌려도 금세 본래 형태를 되찾는다. 밟혀도 원래 모습 그대로 다시 돌아오고, 또 밟혀도 또다시 돌아오는 힘. 이런 성격 때문에 사람들은 집 앞 정원이나 골프장, 경기장, 운동장에 잔디를 널리 이용해왔다. 말하자면 우리 인간의 발에 밟히기 위해 그곳에 심긴 것이다.

물론 잔디밭 입구에선 '들어가지 마세요'라고 적힌 표지판을 흔히 볼 수 있다. 이런 표지판을 세우는 건, 잔디를 소중히 지키기 위해서라기보다는 사람들이 무분별하게 잔디 위를 휘젓고 다니는 통에 잔디가 과하게 밟히고 훼손되기 때문일 것이다. 인간의 문제는 언제나 적당히를 모른다는 데 있다. 그래도 나는 잔디의 이 내답압성이 참 부럽다.

잔디처럼 밟혀도 살아 있는 풀, 오히려 밟히면서 번식하는 풀이 또 있다. 바로 질경이다. 이름부터 질경이라 참 질긴 풀이겠다 싶지만, 길에 흔히 산다고 '길경이'라 부르던 데서 유래된 이름이다. 질경이는 우리 주변 어디에나 있다. 숲에도 길가에도 정원에도. 특히 이름의 유래가 말해주듯 숲이 아닌 곳, 오히려 식물이 살기 힘들 것 같은 척박한 곳에서 더 자주 보인다.

질경이 역시 여느 잡초처럼 다른 식물들에 밀려 척박한 곳까지 왔다. 모든 사람이 편리하고 풍족한 환경에서 살 수 없듯, 모든 식물이 양분이 풍부하고 양지바른 곳에서 살 수는 없다. 가장 좋은 목을 차지하지 못한 식물들은 척박한 곳에서 살아남기 위해 더 강해져야 했다. 질경이처럼.

노르웨이의 식물을 그리면서 우리나라 질경이는 아니지만 같은 속에 속한 넓은잎질경이와 우리나라에도 분포하는 창질경이를 그렸다. 넓은잎질경이는 우리나라에서 가장 흔하게 보이는 질경이와 비슷한 형태였고, 창질경이는 잎이 유독 가느다랗고 뾰족했다. 질경이는 노르웨이뿐 아니라 유럽 어디에서나 각기 다른 종을 흔히 볼 수 있다. 그만큼 장악력이 강하다는 이야기다. 작업실 근처에 있던 질경이를 관찰하다, 잎맥이 특이해 잎을 반으로 자르니 그 안에서 다섯 개의 실줄기가 액체와 함께 나왔다. 질경이의 부드러운 잎이 쉽게 잘리지 않았던 이유는 바로 이 실줄기 때문이었다.

질경이는 줄기 없이 뿌리에서 잎이 사방으로 퍼지며 땅에 붙어 자란다. 이 형태는 무게중심을 낮춰 동물에 의한 훼손을 최소화한다. 또한 질경이는 꽃줄기가 늘 위로 곧게 서지 않고 약간 옆으로 기울어져 있는데, 이것은 바람의 저항을 덜 받고 동물의 공격에도 유리한 형태다. 게다가 질경이는 자신을 밟고 지나가는 동물을 이용하기까지 한다. 질경이 씨앗은 주로 동물의 발바닥에 묻어 멀리까지 퍼진다. 물론 인간도 예외가 아니다. 인간의 신발에 밟혀 더 멀리, 더 많이 번식할 수 있다. 이것이 질경이가 살아가는 방법이다.

질경이를 두 번째로 만난 건 그로부터 몇 해가 지난 뒤였다. 한 예능 프로그램 연출자로부터 직접 연락이 왔다. 나물을 채취해 요리하는 프로그램을 제작하는데, 시청자들이 식물을 더 잘 이해할 수 있도록 도와줄 식물세밀화가 필요하다는 요청이었다. 식물세밀화는 16세기부터 사람들에게 약초를 알리는 목적에서 기록되어왔기 때문에 이 제안은 본래 목적에도 부합하고, 지금까지 책이나 리플릿, 화보나 포스터 형태로 전달되었던 방식

길가에 흔히 나는 질경이는 밟혀도 일어나는 내답압성의 상징이다.

과 달리 영상으로 보여줄 수 있다는 점이 흥미로웠다. 말하자면 식물세밀화의 새로운 도전이었다. 나는 제안을 수락하고 작업을 시작했다. 그때 처음으로 그린 식물이 바로 질경이였다.

질경이를 관찰하는 동안 경주의 한 시민대학에서 강의가 있었다. 강의를 마치고 서울로 돌아오는 길에 고속도로에서 추돌 사고가 났다. 과속으로 달려오던 뒤차가 내 차와 내 앞차들을 그대로 잇달아 들이받은 것이다. 차는 일순간 뒤집어졌고, 나는 '이렇게 죽는구나' 생각했다. 그 후로는 기억이 없다. 잠시 정신을 잃었고, 응급실로 실려간 후 한 달간 병원에 입원해야 했다.

이 사고로 나는 스스로가 생각보다 더 약한 존재임을 알게 되었다. 나도 길가의 한 포기 풀처럼 어느 한순간 갑자기 죽어버릴 수 있다. 그런 생각을 하니 지금까지의 삶과 작업이 허무하게 느껴졌다. 한 치 앞도 모르는 내가 무엇을 하겠다고 보이지 않는 미래를 위해 열심히 식물을 찾아다니고 기록해왔던가. 병원에 입원해 있는 동안 이런 공허하고 덧없는 생각을 하면서도 한편으론 다 못 그린 질경이가 눈 앞에 아른거렸다. 당장 다음주까지 관찰해 마감을 지켜야 하는데. 질경이를 그리기 위해서라도 얼른 건강을 되찾아 퇴원해야 했다.

어느덧 3주가 흘러 나는 일상으로 돌아왔고, 전에 관찰하던 질경이를 찾았다. 골목길 가운데 있던 개체라 그새 누군가에게 밟히거나 훼손되지 않았을까 걱정했지만, 그 질경이는 한달 전 모습 그대로였다. '너도 이렇게 꿋꿋이 살아가는데, 한 치 앞을 모르는 신세이지만 나도 내 일을 꿋꿋이 해내고 살아가야지 별 수 있겠니.' 나는 그렇게 질경이 그림을 완성했다.

그 후로 3개월 정도 지났을까, 택배 상자 하나가 도착했다. 사고로 폐차한 내 차에 들어 있던 물건들이었다. 박스 안에는 평소

트렁크에 늘 넣고 다녔던 등산화와 채집봉투, 그리고 채집가위와 스케치 용품들이 들어 있었다. 나는 여전히 이 등산화를 신고, 채집용품을 들고 출장을 다닌다.

사람들은 식물이 약하고 수동적인 존재라고 말한다. 움직일 수 없고 그래서 다른 생물의 공격을 당하기 쉽다고. 하지만 그건 우리 인간도 마찬가지다. 오히려 식물은 우리보다 강하다. 오랜 시간 끈기 있게 변화하며 지능적으로 공격에 대응할 방법을 강구해낸다. 밟혀도 밟혀도 살아 있는 질경이, 아니 밟히면서 더 먼 곳으로 나아가는 질경이를 그리며 나는 다가오는 날들을 살아갈 용기를 얻었다.

가을

Fall

가끔은 식물의 이름을
알려 하지 않는 것도 괜찮은 일

한 점의 식물세밀화를 완성하기까지는 1년 이상의 시간이 걸리고, 길게는 10년이 걸리기도 한다. 뿌리에서 줄기와 잎이 나고 꽃이 피고 열매가 맺히는 삶의 과정을 기록해야 하기 때문이기도 하지만, 무엇보다 다양한 장소에서 다양한 개체를 관찰한 자료가 필요한 까닭이다. 식물은 환경에 따라 형태를 달리한다. 일조량이나 토양의 산도에 따라 같은 민들레도 잎과 꽃의 색이 달라지고, 크기 역시 조금씩 달라진다. 그러나 환경이 아무리 다르더라도 같은 종끼리 갖는 공통된 특징이 있기 마련이고, 이 공통점을 드러내 그림을 본 사람들이 종의 형태적 특징을 쉬이 알도록 하는 것이 바로 식물세밀화의 역할이다. 그러니 식물세밀화를 그린다는 건 개체 하나하나를 들여다보는 일이기도 하지만 동시에 여러 식물을 하나의 공통점으로 묶어내는 일이기도 하다.

하지만 개체 각각의 차이를 기록한 식물세밀화도 없었던 건 아니다. 프랑스 식물학자이자 식물세밀화가인 앙투르 니콜라 뒤

177

센은 프랑스 곳곳을 다니며 산딸기속 식물을 관찰했고, 이 기록을 『딸기의 박물학Histoire Naturelle Des Fraisiers』이라는 책으로 엮었다. 이 책은 겉으론 일반적인 산딸기 도감처럼 보이지만, 페이지를 조금만 넘겨보면 전혀 그렇지 않다는 걸 알 수 있다. 이름조차 쓰여 있지 않아 도무지 이 그림이 무슨 산딸기인지 알 수 없는 페이지가 있는가 하면, 식물 이름 뒤에 물음표가 적혀 있는 페이지도 있다. 뒤센은 종의 분류나 환경 변이에 연연하지 않고 개체마다 다른 형태에만 집중해 그림을 그렸다. 각각의 산딸기가 서로 다른 종인지, 같은 종이지만 환경이 다른 곳에서 자라 형태가 달라진 건지 알 수 없는 혼돈의 산딸기 그림을 그대로 묶어 책으로 출간한 것이다. 하지만 그렇다고 이 기록을 두고 식물세밀화가 아니라고 할 수 있을까? 뒤센의 그림은 적어도 당시 어떤 장소에 어떤 형태의 산딸기가 존재했다는 증거가 되어준다.

산과 들에 한창 피어 있는 가을 들국화를 그리며 뒤센의 도감을 떠올린다. 종자로 번식하는 식물 중에서도 그 무리가 가장 크고, 그래서인지 모든 종이 그저 뭉뚱그려져 하나의 이름으로 불리는 식물들. 그런 까닭에 그림을 그리면서도 이게 맞는지 자꾸만 되묻게 되는 들국화.

들국화라고 하면 한 종의 식물처럼 보이지만, 사실 들국화라는 이름의 식물은 없다. 들과 산에서 스스로 자라는 국화과 식물을 싸잡아 들국화라 할 뿐이다. 가을 산과 들에선 우리가 들국화라 부르며 지나쳤던 흰 꽃의 구절초, 샛노란 산국과 감국, 보라색 개미취와 쑥부쟁이 등을 흔히 볼 수 있다. 구절초에는 또 이와 비슷한 산구절초, 포천구절초, 남구절초 등도 있다.

나는 이 다양한 국화속 식물들만큼은 제대로 식별하여 그려낼 자신이 없다. 너무나 다양한 무리로 존재하는 데다 서로 교

Dendranthema zawadskii var. *latilobum* (Maxim.) Kitam.

구절초는 우리 주변에서 흔히 만날 수 있는 들국화다. 10월이면 전국 곳곳에서
구절초 축제가 열린다. 그림은 서울 효자동의 어느 정원에서 만난 구절초.
번호순으로 꽃과 잎이 달린 줄기, 꽃차례, 중심화, 설상화(주변화), 총포, 씨앗.

잡하고, 의외의 형태로 변화하기
때문이다.

언젠가 국화과의 한 종인 해국
을 연구하는 식물학자로부터 세밀화
를 요청받은 적이 있다. 이미 전국에서 분포
하는 해국을 수집해둔 상태였다. 나는 한 장의
그림만 그리면 된다고 생각하며 작업을 시작했
지만, 결국 전국 각지에 분포하는 형태도 제각
각인 수십 장의 해국 그림을 그려야 했다. 내가
관찰한 해국들은 잎도 꽃도 생김새가 저마다 달
랐다. 이 다양한 해국을 그리는 과정은 오히려
환경에 따라 해국의 형태가 얼마나 다변화
하는지, 그 변이의 다양성을 연구하는 시간
이었다.

2019년 일본으로 출장을 갔을 때 서점에서 본
들국화 도감 서문에는 이름을 아는 것도 중요하지
만 무엇보다 다양한 각도에서 들국화를 즐겨달라
는 안내가 적혀 있었다. 글과 사진으로 가득
한 300페이지 분량의 도감에 저런 무책임한
문장이 쓰여 있다며 화를 낼 수도 있는 일이
지만, 들국화를 형태로 식별한다는 게 얼마나
까다롭고 어려운 일인지를 잘 알기
에 내게는 오히려 그 말이 진정성 있
게 느껴졌다.

세밀화를 그리다 보면, 늘 종種이
라는 단위에 갇히게 된다. 종으로 식

경기도 광릉숲의 감국. 가장
흔한 들국화 중 하나인 감국은
산국과 형태가 비슷하며 둘 다
꽃을 말려 차로 만든다.
꽃과 잎이 달린 줄기(위)와 뿌리.

180

물을 분류하고 그려내는 게 일이니까. 주변 사람들에게도 식별의 중요성을 늘 말해왔다. 그래야 더 자세히 들여다볼 이유가 생긴다고, 그렇게 종 보존으로 한 발 더 나아갈 수 있는 거라고.

하지만 들국화를 그리는 동안만큼은 작은 풀 한 포기, 꽃 한 송이라는 '개체'가 있다는 사실을 다시금 상기해본다. 가을이면 집 마당에 피는 하얀 국화꽃이라든지 매일 지나는 버스 정류장에서 만나는 연보라색 들국화 같은 이름으로 개체 하나하나를 부르고 인식하는 것도 어쩌면 꽤 의미 있는 일 아닐까? 들국화만큼은 식별의 부담을 내려놓고 자연이 만들어내는 다양한 색과 형태, 그 아름다움을 즐겨보아도 좋을 것 같다.

내 소중한 뿌리들

약용식물을 그리느라 수리취를 관찰했다. 식이섬유가 많아 차로도 마시고 떡으로도 만들어 먹는 수리취. 마침 국립수목원 전시원에 가면 수리취를 채집할 수 있다기에 일정을 잡아 현장에 갔는데, 그곳엔 수리취가 딱 한 개체 남아 있었다. 그림으로 그리려면 이것을 작업실에 뿌리째 채집해 가져가야 하지만, 그러면 이곳엔 수리취가 한 뿌리도 남지 않게 된다. 고민 끝에 결국 뿌리째 뽑되, 현장에서 사진을 찍고 관찰만 한 후 곧바로 다시 심어주기로 했다.

가장 좋아하는 식물 기관이 어디인지 묻는다면 씨앗, 꽃, 열매, 잎과 줄기 중 어느 하나를 골라 대답하기 어려울 것이다. 각각의 기관은 모두 오랜 진화의 결과로서, 식물이 살아가는 데 없어서는 안 될 역할을 하기 때문이다. 그러나 식물세밀화를 그리는 '과정에서' 가장 소중한 부분이 어디인지 묻는다면, 나는 고민 없이 뿌리라고 답할 것이다.

식물세밀화를 그릴 때는 뿌리부터 줄기, 잎과 꽃, 열매와 종

182

자 등 모든 기관이 기록되어야 한다. 하지만 나무는 뿌리를 볼 수 없을뿐더러, 단지 기록을 위해 수십 년을 살아온 나무를 뿌리째 뽑는 것도 비효율적인 일이므로 나무 그림에는 뿌리를 기록하지 않는다. 그런데 풀은 이야기가 다르다. 풀뿌리를 이용하는 일이 많기도 하고, 뿌리 형태는 식물 식별의 열쇠가 되어주기도 하기 때문에 풀 그림에는 뿌리가 꼭 들어가야 한다.

하지만 그렇다고 해도 그림을 그리자고 식물을 뿌리째 뽑는 건 커다란 죄책감이 따르는 일이다. 잎, 꽃, 열매와 같은 식물 지상부의 일부는 채집한다고 해서 개체가 완전히 죽어버리지 않지만, 뿌리를 뽑아버리면 삶이 중단되어버린다. 그림을 그리겠다고 단 하나 남은 수리취의 뿌리를 뽑아버리는 일은 너무 큰 희생이라는 생각이 들었다.

물론 그림을 다 그리면 뿌리를 다시 심어주지만, 그리는 데 시간이 워낙 오래 걸리다 보니 다시 심어도 예전의 모습으로 돌아가리란 보장은 없다. 게다가 얼른 다시 심어주려면 빨리빨리 관찰해 기록해야 한다는 압박감, 그리고 이 희생보다 값진 기록을 만들어내야 한다는 부담감도 마음을 무겁게 한다. 그래서 나는 식물을 뿌리째 채집하는 일을 되도록 최소한으로 하려고 한다. 이미 채집돼 만들어진 기록물, 말하자면 표본을 보고 그리는 경우가 많은 것도 이 때문이다.

뿌리는 강한 비바람 속에서도 꿋꿋이 서도록 식물체를 지탱해주고 토양의 수분과 양분을 흡수해 지상부로 보내주는 역할을 한다. 우리 눈앞에 아름다운 꽃과 열매가 존재하는 건 눈에 보이지 않는 땅속의 뿌리 덕분이다.

나는 수목원의 식물학자와 함께 작은 모종삽을 들고 약용식물원에 갔다. 마음을 먹고 갔는데도, 한 개체만 남은 수리취를 보니 뽑아야 할지 말아야 할지 또다시 망설여졌다. 다시 채취하기로 마음을 다잡고 장갑을 끼면서도, 어떻게 하면 이 개체를 훼손시키지 않고 채취할 수 있을지 고민했다. 우리는 삽을 들고 조심히 흙을 골랐다. 뿌리가 모두 드러나기까지 말 한마디 하지 않았다. 드디어 손에 든 뿌리를 내게 넘겨주며 연구자는 말했다. "잘 부탁한다." 이제 이 식물의 희생이 덧없는 일이 되지 않도록 만드는 일은 내 손에 달렸다.

수리취 뿌리를 현장에서 관찰하고 다시 심어준 날, 동료들과 수목원 근처 식당에서 밥을 먹었다. 식사를 마치니 주인은 후식으로 따뜻한 차를 한잔씩 내주었다. 뒷밭에 심은 더덕을 캐서 씻고 말린 후 물에 끓인 더덕차라고 했다. 향긋했다. 우리는 손에 쏙 들어오는 작은 컵을 두 손으로 조심히 받치고 홀짝홀짝 차를 마셨다. 그 모습이 마치 '내 소중한 뿌리'라고 몸으로 표현하는 것만 같았다. 수리취 뿌리를 뽑을지 말지 고민하느라 추위에 얼었던 몸을 더덕 뿌리가 따뜻하게 녹여주었다.

인간이 식물을 이용하는 수많은 방식 가운데 차로 마시는 것만큼 식물을 귀하게 다루며 예의를 다하는 일이 있을까 싶다. 수확한 식물을 깨끗이 씻어 햇볕에 말리고 덖기를 반복한 결과물을 다시 뜨거운 물에 우린 후 경건한 자세로 오랜 시간 음미해가며 마시는 것. 어느 때보다 빠르고 편리해진 요즘 세상에선 흔히 볼 수 없는 정성과 태도다.

지금 내 앞에는 우엉차가 있다. 그림을 그리거나 글을 쓸 때 나는 이 차를 즐겨 마신다. 농사를 짓는 이모의 밭에 심긴 우엉 뿌리를 수확해 가져와 깨끗이 씻은 후 잘게 썰어 오랜 시간 볕에 건조한 다음 덖어서 뜨거운 물에 우린 것이다. 우리 눈에 보이지 않던 땅속의 우엉 뿌리가 맛있는 한잔의 차가 되기까지 그 복잡

Codonopsis lanceolata (Siebold & Zucc.) Benth. & Hook.f. ex Trautv.

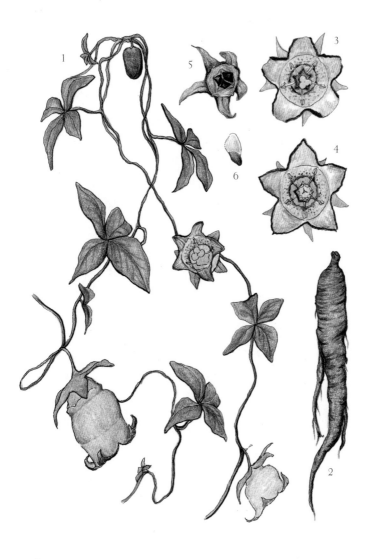

약술과 차를 만드는 데 이용하는 더덕 뿌리는 피로 해소에 좋다고 알려져 있다.
번호순으로 꽃과 잎이 달린 줄기, 뿌리, 암꽃, 수꽃, 열매, 씨앗.

Arctium lappa L.

장 기능 향상, 소화 촉진, 비만 예방 등의 효과가 알려지면서 우엉과 우엉차의
인기도 높아졌다. 번호순으로 꽃과 잎이 달린 줄기, 뿌리, 어린 잎, 열매.

한 과정과 식물의 희생을 떠올리며, 나는 고마운 마음으로 이 차를 마신다.

이 가을이 지나면 곧 겨울 혹한이 찾아오고 푸르른 풀들을 볼 수 없게 될 것이다. 그러나 땅속 깊숙한 곳에서 눈과 얼음을 방패 삼아 다가올 봄을 기다리며 에너지를 충전하고 있을 수많은 풀뿌리를 떠올리면, 어쩐지 가을의 차가운 풍경이 마냥 삭막하고 황량하게만은 느껴지지 않는다.

신문이 하는 일

2004년 도쿄대 종합연구박물관에서 특별한 전시가 열렸다. 1904년부터 1945년까지 발행된 신문 아카이빙 전시였다. 다소 평범해 보이는 이 전시가 식물학계에서 특별한 전시로 회자된 건 전시작에 식물학자의 신문이 포함되었기 때문이다. 식물학자의 신문이란 식물학자의 글이나 기사가 게재된 신문이란 말이 아니라, 식물학자 마키노 도미타로(1862~1957)가 식물 표본을 만들며 흡습지로 쓴 신문을 말한다.

내가 일했던 국립산림생물표본관의 표본실 장에는 식물 표본이 가득 쌓여 있었다. 연구자들이 전국을 돌며 조사하고 채집한 식물은 표본제작실을 거쳐 수분이 빠진 납작한 표본이 된다. 표본은 식물의 시공간적 증거로, 또 연구자들의 연구 자료로 활용되었다. 표본을 제작할 때 가장 중요한 재료는 신문이었다. 신문지는 습기를 잘 빨아들이고 곰팡이를 방지하는 효과가 있어서 표본 만들기에 가장 좋은 흡습지다. 지금도 전 세계 식물 연구기관에서는 각 나라의 신문지를 흡습지로 이용해 표본을 제작한다.

스마트폰이 보급되면서는 사람들이 온라인으로 신문기사를 보기 때문에 신문지가 더욱 귀해졌다. 많은 양의 표본을 제작해야 하는 표본관에서는 신문이 늘 필요하기에 신문사나 개인들로부터 신문을 기증받고 있다. 표본실 사람들끼리 근처 식당에 가서 밥을 먹으면 식당에서 신문을 받아 오기도 한다.

나는 식물을 그리다가도 채집 간 동료가 돌아오면 채집 봉투에 가득 담긴 식물들을 신문지에 하나씩 고이 끼워두고 이튿날, 또 그 이튿날 신문지를 갈아주기를 반복했다. 각자 맡은 일은 달라도 우리는 모두 신문지 갈아 끼우는 일을 꼭 함께했다.

"채집 갔던 팀 지금 거의 다 왔대요." 누군가 연구실 입구에서 큰 소리로 말하면 사람들은 하던 일을 마무리 짓고 함께 지하 표본제작실로 내려갔다. 그러곤 표본제작실 한편에 쌓인 신문을 가져와 바닥에 동그랗게 모여 앉아 며칠간 채집한 식물을 하나하나 꺼내 신문지 사이에 끼웠다. 막 채집되어 이곳에 온 지리산 덕유산 한라산의 식물들은 촉촉한 물기를 머금고 있었다.

식물을 신문지 사이에 끼울 때는 요령이 필요하다. 식물 중에는 길이가 신문지보다 더 긴 것도 많으므로 알맞은 부위를 접어서 최대한 넓게 펴 눌러야 한다. 또 잎 가운데 한 장 정도는 뒷면이 보이도록 뒤집어줘야 한다. 채집 기간과 채집량에 따라 신문에 누르는 시간도 다르지만 대체로 이 작업은 두어 시간이면 끝이 난다. 사람들이 퇴근하고 이튿날 다시 출근하는 사이 종이는 식물의 수분을 흡수할 것이다. 물기를 머금어 축축해진 신문을 그대로 두었다가는 식물의 색이 까맣게 변하거나 썩어버릴 수도 있다. 매일 신문지를 갈아줘야 하는 이유다. 그렇게 짧게는 반년, 길게는 수년이 지나면 식물은 수분이 다 빠진 상태가 된다. 바짝

마른 식물을 라벨과 함께 흰 시트에 붙이면 온전한 표본이 되는 것이다. 이렇게 만들어진 표본은 변색이 있을지라도 본래 형태는 그대로 유지한 채 길게는 수백 년간 보관될 수 있다.

누구나 어릴 적 좋아하는 책 사이에 네 잎 클로버나 곱게 물든 단풍잎을 끼워둔 기억이 있을 것이다. 시간이 지나 다시 그 페이지를 펴보면 잎은 수분이 다 빠져 빳빳해져 있다. 수분이 빠져나간 잎은 수십 년이 지나도 형태가 변하지 않는다. 이것이 식물을 오래도록 보관하는 방법, 식물 표본을 만드는 방법이다.

현존하는 가장 오래된 식물 표본은 1500년경 이탈리아 약초가이자 예술가인 게라르도 치보(1512~1600)가 제작한 표본책으로 추정된다. 이 표본은 오늘날의 표본과는 얼마간 형태가 다르다. 도화지 한 장에 식물이 하나씩 붙어 있는 게 아니라, 책처럼 페이지마다 채집한 식물 표본을 붙여 엮었다. 이렇게 책 형태로 제작되다 지금처럼 개별 표본으로 제작하게 된 데는 이유가 있다. 표본책으로는 새로운 식물을 추가하거나 수정하기 어려웠기 때문이다.

치보가 제작한 식물 표본도 인류가 식물을 연구한 최초의 목적과 마찬가지로 약용식물 목록이었다. 표본책에는 우리가 오늘날에도 차로 즐겨 마시는 타임과 향신료로 널리 쓰이는 오레가노 같은 허브식물, 그리고 수선화나 아네모네 같은 관상용 구근 식물 표본이 보관되어 있다. 이 식물들은 채집된 지 500년이 지났지만 여전히 제 모습을 유지하고 있다.

마키노도 마찬가지였다. 일본 고치현에 있는 마키노식물원에는 생전 그의 방 풍경이 재현되어 있는데, 가장 눈에 띄는 건 벽 한쪽으로 높이 쌓여 있는 신문지다. 들춰볼 순 없지만, 생전 마키노의 방 한구석에선 그렇게 채집한 식물들이 건조되고 있었

일본 고치현립식물원에서 재현한 식물학자
마키노 도미타로의 방 한편에 신문이 쌓여 있다.

을 것이다. 그중에는 그가 이름을 붙인 느티나무와 파초일엽도
있었겠지.

우리가 이름을 알고 있는 모든 식물은 종마다 기준 표본과
그 외 무수한 표본이 있다. 모두 신문지 사이에서 건조의 시간을
지낸 표본이다.

마키노의 신문이 재발견되어 전시될 수 있었던 데는 표본을
소장하고 있던 도쿄대 종합연구박물관 관계자가 옛 자료를 정리
하다 수많은 상자 안에서 표본과 흡습지로 쓴 신문지를 발견한
것이 계기가 되었다. 그때 발견된 신문지가 5000여 점이나 됐고,
그중에는 우리나라 조선총독부 기관지로 1945년 폐간된 『경성일
보』도 있었다. 『경성일보』를 비롯해 여기 보관돼 있던 신문들은

'마키노 신문 목록'이란 이름으로 사료 가치를 인정받았다.

식물세밀화를 그릴 때는 그릴 대상인 식물을 조사하고 채집한다. 채집한 식물은 다 그리고 나면 표본으로 만들기 위해 신문지 사이에 누른다. 내 작업실 서랍에는 그간 집에서 구독하던 일간지부터 내 사정을 잘 아는 친구들이 보내준 대학신문, 길에서 하나씩 받아온 광고지가 가득 들어 있다. 종이 신문이 사라질 날이 올까 두려워 더 열심히 신문을 모으기도 했다.

어느 날 채집한 표본의 신문을 갈아주다 전나무가 끼어 있던 면에 커다랗게 적힌 '담대함'이라는 글자가 눈에 들어왔다. 마키노의 신문처럼 중요한 역사적 사료는 못 될지 몰라도, 이 메시지는 내게 식물을 더 열심히 기록할 수 있는 용기를 가져다주었다. 식물은 언제나 나에게 작고 흔하고 평범한 것의 소중함을 알려준다. 식물을 건조하려고 가져다놓은 철 지난 종이 신문의 소중함까지.

식물과 사람

정원에 피어난 솔체꽃을 보며 문득 이름이 참 예쁘다고, 그래서 정말 다행이라고 생각했다. 식물을 바라보는 우리는 식물만큼 아름답지 않아서, 이따금 부르기 꺼려지는 이름을 식물에 붙여 주기도 했으니까. 그래서 솔체꽃 옆에 가만히 피어 있던 며느리밑씻개를 보며 더 미안했다.

식물을 들여다볼수록 나를 포함해 인간이란 생물에 대한 물음표가 커져간다. 식물에 며느리밑씻개, 며느리배꼽, 꽃며느리밥풀, 처녀치마와 같은 이름을 붙이고, 굳이 성적인 묘사로 식물을 설명하려 한 까닭이 무엇일까? 식물에 관한 수많은 사실 가운데 유독 꽃이 생식기관이라는 사실에만 반응하는 이들도 자주 본다. 생식기관은 그저 생식기관일 뿐인데. 이상하게도 식물을 들여다볼수록 인간을 향한 애정은 잦아든다.

비단 우리 자생식물만의 이야기가 아니다. 독성을 가져 먹을 수 없거나, 일상생활에 방해가 되거나, 아무리 죽이려 해도 죽지 않는 식물에 서양 사람들은 '악마devil'라는 이름을 붙였다.

싱가포르식물원 외곽에 있는 생태보호구역에 조사를 간 일이 있었다. 열대우림이 펼쳐진 곳, 뒷동산만 한 키의 야자나무와 양치식물, 이곳에서만 볼 수 있는 넓은잎나무들이 뒤엉켜 살아가는 숲이었다. 숲속을 헤치고 다니는데 나무 사이를 지나는 기다란 덩굴식물이 눈에 들어왔다. 현장 연구원에게 식물 이름을 물어보니 '데빌스 아이비Devil's ivy', 악마의 담쟁이라고 했다.

휴대전화로 연구원이 알려준 영어 이름을 검색해보니, 우리나라에서도 흔하디흔한 관엽식물 스킨답서스였다. 줄곧 작은 분화로만 봐온 나는 자생하는 모습을 보고도 이 덩굴식물이 스킨답서스임을 알아차리지 못했다. 전 세계에서 재배되는 대중적인 실내식물이 악마의 담쟁이로 불린다는 건 놀라운 일이었다.

녹색의 스킨답서스는 솔로몬제도 외 열대우림을 고향으로 나무에 뒤엉켜 자라는 덩굴식물이다. 거대한 나무에 가려 햇빛이 귀하다 보니, 이들은 덩굴을 이용해 나무를 타고 가지 사이를 지나 꼭대기로 오른다. 그렇게 높은 곳에서 햇빛을 받으며 멀리까지 번식해 간다. 잎이 꽤 두꺼워서 수분을 저장하기 용이한 데다 살아가기 유리한 환경으로 이동하기도 쉬운 덩굴이기 때문에, 스킨답서스는 환경을 크게 가리지 않고 오래도록 생존하는 작지만 강인한 식물이다. 다른 식물을 타고 오르며, 아무리 끊고 해쳐도 죽지 않는 이 스킨답서스를 사람들은 악마의 담쟁이라고 불렀다.

물론 이들이 사는 숲에서는 악마의 담쟁이가 맞을지도 모른다. 속사정이 어떻든 다른 식물들과 조화를 이루지 못하고 자신만의 영역을 확보해나가기 때문이다. 게다가 실물 전체에 독성도 있다. 그래선지 미국과 일부 유럽에서는 스킨답서스가 생태계를 교란하는 유해식물로 지정되었다고 한다. 하지만 실내에서

Epipremnum spp.

수직 정원에 가장 많이 사용되는 스킨답서스는 자생지인
열대우림에서 햇빛을 따라 나무를 타고 오르는 덩굴식물이다.
번호순으로 마블 퀸, 제이드, 네온, 엔조이.

스킨답서스를 키우는 우리에게는 결코 악마의 담쟁이가 아니다. 스킨답서스는 공기를 정화해주고, 독성물질을 해독하는 능력이 있으며, 공간을 아름답게 꾸며주는 데다 생존력도 강해 아무리 무심하게 방치해도 우리 곁에서 꿋꿋이 잘 살아준다.

　도시화가 심화되며 우리가 사는 주거 환경은 자연에서 점점 더 멀어졌다. 대기 오염과 에너지 부족, 지구온난화라는 문제에 직면하며 자연에서 해답을 찾으려는 사람도 많아졌다. 드높은 건축물 내외부를 식물로 장식하는 경우도 많다. 몇 년 사이 사옥에 소규모 조경이나 그린 인테리어를 하는 회사도 늘었다. 특히 공간이 비좁을 때 한정된 공간을 식물로 채우기 위해 바닥이 아닌 벽을 이용하는 벽면녹화나 수직정원이 하나의 정원 양식으로 자리 잡았다. 덕분에 세계 어느 도시를 가든 식물이 벽을 장식하고 있는 건축물을 볼 수 있게 됐다. 이런 건물들에서 가장 많이 보이는 식물이 바로 악마의 담쟁이 스킨답서스다. 사물을 타고 오르는 덩굴 성질은 도시의 회색 건축물도 녹색빛으로 만들어준다. 스킨답서스 외에 필로덴드론이나 드라세나도 열대우림의 거대한 나무들 사이에서 치열하게 살아가며 강인한 생존력을 터득한 식물들로 도시로 와서 인간과 함께 살아간다.

　나는 나무를 타며 숲 전체를 헤치고 자라던 스킨답서스를 싱가포르 시내에서도 보았다. 조사를 끝내고 식사를 하러 오차드가 시내로 가던 길이었다. 한 무더기의 스킨답서스가 백화점 빌딩 외벽을 타고 오르고 있었다. 호텔과 공항에서도 마찬가지였다. 이들은 어디에서든 무언가를 올라타고 사방으로 번식하며 생생하게 살아서 싱그러움을 뽐내고 있었다. 스킨답서스는 빌딩 벽을 오르며 열기를 막아주고, 이산화탄소를 빨아들이고 산소를 내뿜으며, 실내 온도를 일정하게 유지해준다. 그런데도 이 식물을 악마라 불러야 할까?

지어진 지 2년이 넘은 중국의 어느 아파트에 입주민이 1퍼센 트뿐이라는 기사를 보았다. 이 아파트에는 수직정원이 있었다. 기사를 본 사람들은 식물이 있는 곳엔 모기가 많다며, 곤충이 들 끓어 그렇게 됐을 거라고 단언했지만, 나는 결코 그렇게 생각하 지 않는다. 자연물에 대한 막연한 호기심과 무지로 인해, 아파트 의 편리함과 자연의 생동감을 모두 누리겠다는 욕심 때문에 빚 어진 일이다. 그런데도 이를 두고 가만히 있던 식물 탓만 하는 우리 인간의 이기심에 무척 화가 났다.

식물을 가까이에 둔다는 것은 그만큼 곤충과도 가까워져야 한다는 의미다. 자연 생태계를 도시라는 인공의 장소로 새롭게 옮겨 왔을 때는, 그 변화에 따른 여러 문제가 빚어지는 게 당연 하다. 더욱이 옮겨 온 식물이 열대우림에서 빠르게 쑥쑥 자라는 종이라면, 그 생장력을 감당할 수 있는 여유 공간과 노동력도 필 요하다. 이 정도는 아무리 죽여도 죽지 않는 악마의 담쟁이 스킨 답서스를 도시로 가져오려면 당연히 감내해야 할 일인 것이다.

유칼립투스를 기억하며

한때 온실을 찾아다니는 걸 좋아했다. 밖은 차디찬 바람이 불어도 온실 문을 열면 딴 세상이 펼쳐졌다. 열대우림도, 건조한 사막도 그 안에서 만날 수 있었다. 온실은 오래전 사람들이 먼 이국 땅의 식물을 자국으로 가져가 키우기 위해 만들었다. 환경이 허락하지 않는데도 식물을 소유하고자 했던 강력한 욕망이 탄생시킨 공간이다.

우리나라에도 다양한 온실이 있다. 여러 기후대의 식물이 모여 있는 거대한 온실부터 작은 규모에 특정 식물만을 식재한 온실까지. 나는 대규모 온실보다는 테마가 있는 소규모 온실을 선호한다. 그중에는 오스트레일리아의 식물만 모아둔 경기도 용인 한택식물원의 '호주온실'이 있다. 이 온실 문을 열고 들어서면 오스트레일리아의 해변과 열대우림, 광대한 사막에 자생하는 식물들이 눈앞에 펼쳐진다. 방크시아, 바오바브나무, 아카시아, 병솔나무…… 그리고 유독 시원하고 진한 숲 내음을 풍기는 식물, 유칼립투스도 있다.

Eucalyptus spp.

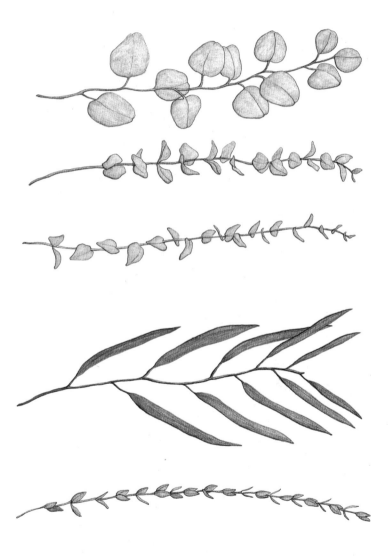

전 세계에 분포하는 유칼립투스는 종마다 잎의 형태와 색이 다르다.
위부터 시네레아유칼립투스, 스투아르티아나유칼립투스,
시네레아유칼립투스 '실버 달러', 파비폴리아유칼립투스, 니콜리유칼립투스.

디글럽타유칼립투스는 한 해 동안 여러 번 껍질을 갈아입으며
형형색색의 수피를 드러내 '레인보유칼립투스Rainbow Eucalytus'라고 불린다.

유칼립투스는 우리나라에서도 플로리스트와 원예가에게 두
루 사랑받는 식물이다. 꽃다발에 들어가면 꽃을 더욱 빛나게 해
주는 소재가 되며, 물 없이도 신선한 상태가 오랫동안 유지돼 장
식으로 애용된다. 집 안에 화분으로 들여놓기도 좋은 유칼립투
스는 우리가 흔히 봐왔던 관엽식물과 달리 잎 색이 옅고 잎이 나
는 형태도 독특하다.

유칼립투스는 원예식물로 각광받기 전부터 이미 향수와 화장품, 오일, 약에 들어가는 원료로 인기가 많은 허브였다. 화사하고 그윽한 꽃향기나 상큼 달콤한 과일 향과는 또 다른 깊고 진한 숲 내음을 느낄 수 있기 때문이다. 게다가 두통과 호흡기질환을 완화하는 데도 효과가 있다고 알려져 있다. 그 덕분에 레몬유칼립투스를 그리는 동안 나는 손에 묻은 향이 사라지지 않기를 바라며 틈나는 대로 코에 손을 대고 향을 맡았다. 평소 두통이 잦아 냄새에 예민한 편이지만, 유칼립투스를 그리는 동안에는 두통을 느끼지 못했다. 그때를 계기로 유칼립투스에 더 큰 관심을 갖게 됐다.

그런 유칼립투스가 오스트레일리아 전역을 휩쓴 전례 없는 대형 산불로 역사적인 시련을 겪었다. 2019년 9월부터 2020년 2월까지 반년에 가까운 시간 동안 불은 꺼지지 않고 유칼립투스가 분포하는 광활한 숲을 무참히 태워버렸다.

오스트레일리아에는 약 100만 종의 동식물이 서식하며, 이 가운데 80퍼센트 이상이 오스트레일리아에만 자생한다고 알려져 있다. 유칼립투스도 오스트레일리아에 주로 분포한다. 전 세계에 분포하는 660여 종의 유칼립투스속 식물 중 일부는 인도네시아와 파푸아뉴기니, 필리핀 등지에도 있지만 대부분은 오스트레일리아가 원산이다. 나무에 유분이 많이 함유되어 있어 인화성이 높은 유칼립투스는 산불이 잦은 환경에서 살아남기 위해 나무 깊숙한 곳에서 씨앗을 틔우도록 진화했다. 하지만 그런 유칼립투스도 반년간이나 계속된 무자비한 불길에는 속수무책이었다. 인간의 힘으로는 끝내 잡을 수 없었던 대형 산불로 코알라의 서식지인 유칼립투스 숲 대부분이 잿더미가 되었다.

우리나라에서도 건조한 봄철과 겨울철, 등산객이 많은 가을

이면 산불이 끊임없이 발생한다. 이 글을 쓰는 동안에도 경기도에서만 세 건의 산불이 났고, 모두 담배꽁초가 원인이라고 한다. 광릉숲에서 일하는 동안 가장 조심해야 했던 것도 산불 위험이었다. 산불만큼 자연 속에서 살아가는 식물의 삶을 순식간에 파괴해버리는 것도 없다. 식물학자들은 그래서 산불 소식을 들을 때마다 식물 연구에 회의를 느낀다.

나 역시 산불로 전소되어 식물이 사라져버린 숲을 보며 아무것도 할 수 없을 때면 그림이 다 무슨 의미가 있는지 스스로 되묻게 된다. 타버린 숲에 다시 나무를 심는다고 해도 결코 예전 모습으로 되돌릴 순 없다. 새로 심은 나무가 자라는 데는 짧으면 수십 년, 길게는 수백 년의 시간이 필요하다.

사계절 볼거리가 풍부한 우리 산은 단풍이 아름다운 가을을 비롯해 철마다 많은 등산객으로 붐빈다. 산에 갈 때 우리가 무엇보다 잊지 말아야 할 것은, 그곳이 생명으로 가득한 곳이라는 사실이다. 산에는 커다란 나무부터 아주 작아서 보이지 않는 풀까지 다양한 식물이 있고, 나무 아래서 자라나는 버섯도 있으며, 작은 곤충을 비롯한 수많은 동물이 살고 있다. 산의 주인은 우리가 아닌 이 생물들이다. 우리의 실수로 이들에겐 전부나 다름없는 삶의 터전을 망가뜨려서는 안 될 것이다.

모든 사람은
식물을 마주할 권리가 있다

2016년 가을 런던을 여행한 나는 으레껏 큐가든*에 들러 산책을
했다. 이미 낙엽이 진 늦가을이었던 데다 비가 내린 뒤라 식물원
에는 사람이 거의 없었다. 혼자 정원을 걷는데 관람객 예닐곱 명
이 무리를 지어 내 쪽으로 걸어왔다. 그중 두 사람은 지팡이처럼
긴 봉을 짚고 있었다. 무리 중 한 사람이 내 앞을 지나며 큰 소리
로 외쳤다. "여기 이 앞에 큰 버드나무가 있습니다. 아주 아름답
네요! 그 옆에는 온실이 보여요." 그는 다른 사람들에게 눈앞에
펼쳐진 풍경을 묘사해주고 있었다. 설명을 마친 그는 옆을 지나
던 내게 웃음을 지어 보였고, 나도 눈인사를 건네며 그쪽을 쳐다
봤다. 멀리서 지팡이를 짚고 있던 분들은 눈이 보이지 않는 시각
장애인이었다. 주변 풍경을 귀로 전해들은 두 사람은 환하게 웃
고 있었다. 눈에서 멀어져 더는 보이지 않을 때까지, 그들이 있는

---

*   런던 남서부에 위치한 큐왕립식물원Royal Botanic Gardens, Kew은 사람들
    은 편히 '큐가든'이라고 부르곤 한다.

방향에선 계속해서 큐가든의 풍경을 설명하는 음성이 들려왔다. 나는 한국에 돌아와서도 이 장면을 계속 떠올렸다.

그리고 이듬해 여름 한 포털 사이트에서 오디오 기반 서비스를 시작한다며 내게 식물 이야기를 음성으로 들려달라는 제안을 해왔다. 나는 제안을 수락했다. 결정적인 이유는 큐가든에서 보았던 시각장애인의 산책 장면 때문이었다.

식물을 기록하는 방법은 그림 외에도 기재문*과 같은 글을 쓰거나, 영상을 찍거나, 생체를 채집해 표본으로 만드는 일 등 다양하다. 내가 그중에서도 하필 그림을 그리게 된 건 의식적으로 선택한 일이라기보다 어쩌다 이 길로 들어서게 됐다는 표현이 더 정확할 것이다. 하지만 막상 그림을 그리면서 이 길을 선택하길 다행이라는 생각을 한 적이 있다. 그 이유는 그림이 가진 포용력 때문이다. 그림은 누구나 쉽고 편안하게 즐길 수 있다.

그러나 내가 놓치고 있는 대상이 있었으니, 눈이 보이지 않는 사람들이었다. 식물 이야기를 음성으로 전하는 일은 그림의 한계를 조금은 넘어설 수 있는 방법이라는 생각이 들었다. 나는 이 오디오 콘텐츠를 '이소영의 식물라디오'라고 이름 짓고, 일주일에 한 번씩 주제를 정해 청취자들에게 식물 이야기를 들려주었다. 라디오로 식물을 소개하는 일은 방법만 다를 뿐 세밀화를 그리는 과정과 꼭 같았다. 그려야 할 식물 종이 정해지면 관련 문헌을 살피고, 자생지를 찾아가 현장에서 관찰하고, 생체를 가져와 현미경으로 더 자세히 관찰해 스케치하는 과정을 반복해 그 결과를 한 장의 그림으로 완성하는 일. 여기서 내 손과 펜이 하

---

* 학명이 가장 먼저 발표되는 문헌으로, 식물의 이름과 분류학적 특성을 적은 글.

큐가든 전경.

는 일을 목소리와 녹음기가 한다는 차이밖에 없었다.

식물라디오를 하며 한 달에 한 번은 꼭 식물이 있는 장소—식물원이나 수목원, 공원이나 꽃축제를 찾아 그곳의 풍경을 실황으로 전했다. 큐가든에서 만난 그 해설가처럼 말이다.

첫 직장인 국립수목원에는 언제나 많은 관람객이 찾아왔다. 관람객 중에는 식물을 주로 즐기는 중장년층 외에 다양한 연령대의 관람객이 있었다. 연구실 밖으로 나서면 늘상 소풍 온 어린이와 청소년, 그리고 몸이 불편한 할머니와 할아버지가 식물을 보고 환하게 웃는 모습을 볼 수 있었다. 그 표정은 어디에서도 볼 수 없는, 오직 수목원에서만 볼 수 있는 표정이었다. 내게는 그저 직장일 뿐인 수목원이 관람객에게는 오랜만의 나들이 장소였기에, 시간과 품을 들여 소풍을 나온 사람들의 표정은 언제나 환하게 빛났다.

국립수목원에서 내가 가장 좋아하는 정원 중에는 '손으로 보는 정원'이 있다. 특별한 식물이 있어서가 아니라, 그저 이 정원의 존재 자체가 좋다. 향기가 짙은 허브식물이 전시되어 있는 이곳에선 꼭 식물을 눈으로 보지 않더라도 손으로 만져보며 촉감을 느끼고 코를 갖다 대 향기를 맡아볼 수 있다. 식물 이름표는 모두 시각장애인을 위한 점자 이름표로 만들어져 있다. 언젠가 이 정원을 처음 찾았을 때, 이름 그대로 손으로 보며 걸어본 적이 있다. 이름표도 만져보았다. 촉각과 후각이 둔한 나는 식물의 옅은 향기와 도드라진 표면의 감촉만을 느낄 수 있었을 뿐이지만, 누군가는 나보다 훨씬 더 풍부하고 다채롭게 이 정원을 감각할 것이다.

수목원에는 우리나라에서 처음 만들어진 어린이 정원도 있다. 어린이 정원은 오직 어린이 시선에서 식물을 즐길 수 있도록 설계되었다. 키가 낮은 나무들이 식재되어 있고, 어린이들이 다치지 않고 뛰어다닐 수 있도록 푹신한 톱밥이 깔려 있다. 나는 수목원 입구에 상비되어 있는 휠체어와 유모차, 그리고 어린이 정원과 점자 이름표의 존재가 그저 좋았다.

이곳에서 근무하고 해를 넘기자 새 원장이 부임했다. 산림학을 전공하고 행정가로 일해온 분이었다. 그는 부임하고 얼마 지나지 않아 자연스러운 흙길이 있던 수목원 외곽 산책길을 공사하기 시작했다. 흙길 가장자리에 1미터 너비의 보도블럭을 까는 공사로 수목원은 겨우내 시끄러웠고, 개발과 토목에 거부감을 느끼는 연구자들은 그 연유를 모른 채 볼멘소리를 하기도 했다. 그러나 이제 유모차와 휠체어를 가져온 관람객은 모두 이 보도블럭 위를 지난다. 다리가 불편한 노인들과 흙길에 넘어지기 쉬운 아이들도 이 길로 숲을 산책한다. 지난겨울 자연스러운 흙길에 보도블럭을 깐다며 잠시라도 불만을 가졌던 내가 부끄럽고 후회스러웠다.

식물은 언제나 부족하기 이를 데 없는 나를 받아주었다. 네 살배기 어린아이가 나뭇잎을 잡아 뜯었을 때도, 지금의 내가 기록을 핑계로 가지를 꺾어 갈 때도 식물은 늘 같은 모습으로 그 자리에 있어주었다. 그 사실은 내가 어떤 형태로 변모하더라도 변하지 않을 것이고, 내가 아닌 그 누구에게라도 마찬가지일 것이다.

잎이 보여주는 삶의 다양성

단풍이 낙엽이 되어 떨어지는 가을이 오면 내 마음은 주체 없이 흔들린다. 아름다운 잎의 최후가 부스러지는 가루라는 허무함, 그리고 이 오색창연한 식물의 잎을 볼 날이 얼마 남지 않았다는 아쉬움 때문이다. 그렇게 마음은 일찍부터 심란해지고, 나는 더 부지런히 숲을 찾게 된다. 다가올 겨울을 나기 위해 잎사귀 하나하나의 아름다움을 마음속에 꾹꾹 눌러 담는다.

생식기관인 꽃과 열매는 길면 한두 달, 짧으면 단 며칠간 볼 수 있을 뿐이지만 잎은 그렇지 않다. 짧으면 수개월, 길면 1년 내내 만날 수 있다. 그런 까닭에 잎은 식물 자체로 인식되기도 하고, 식물을 식별하는 중요한 부위가 되기도 한다.

식물세밀화는 짧으면 1년, 길면 10년 이상이 걸리는 호흡이 긴 작업이다 보니 무기한으로 시간이 지나면서 본의 아니게 중단되는 일도 비일비재하다. 잎 도감도 그중 하나다. 광릉숲 식물을 대상으로 순간순간 만나는 꽃과 열매가 아닌 내내 볼 수 있는 잎으로 식물을 식별할 수 있는 책을 만드는 프로젝트였다.

채색 없는 흑백 도해도로 잎만 그리기로 하고, 몇 번의 조사도 진행했다.

조사를 다니다 보면 숲의 모든 식물을 다 눈에 담을 수는 없다. 눈에 들어오는 식물들 중에서도 찾고자 하는 종이나 집중하는 기관 위주로 선별하여 보기 마련이다. 봄에 피는 노란색 꽃에 심취했을 때는 노란 꽃만 눈에 들어오고, 바늘잎나무를 그릴 때는 어딜 가든 바늘잎을 가진 구과식물만 보인다. 버섯을 기록할 땐 식물은 안중에 없고, 나무 아래서 버섯만 찾는다. 마찬가지로 잎 도감을 준비할 때도 잎만 보였다. 다채로운 잎의 색과 형태, 그리고 크기를 관찰하느라 시간 가는 줄 몰랐다. 잎을 실물 크기로 그려 넣으면 사람들이 실물과 대조해 식별하기 쉬울 것 같다는 생각이 들었다.

잎을 관찰하러 다닐 땐 시시각각 달라지는 날씨를 고려해야 했다. 햇빛이 많은 날과 구름이 잔뜩 껴서 흐린 날, 그리고 오전과 오후를 고루 안배해 일정을 잡았다. 날씨와 빛의 양에 따라 잎의 채도와 명도도 차이가 확연하기 때문이다. 가령 라넌큘러스는 매개 동물의 눈에 띄기 위해 역광을 반사해 햇빛 아래서 광택이 나는 선명한 색을 내도록 진화했다. 덕분에 집에서 꽃병에 꽂아두어도 해가 들어오는 방향에 따라 색이 조금씩 다르게 보인다. 마찬가지로 빛에 닿는 표면적이 가장 넓은 기관인 잎을 그릴 때도 더욱 빛에 민감해질 수밖에 없다. 같은 노루오줌이라도 숲에서 본 잎과 채집해 가져온 잎이 다른 색으로 보일 수 있기 때문이다.

잎과 햇빛. 둘은 밀접한 관계가 있다. 잎의 가장 중요한 역할은 광합성이다. 식물은 햇빛을 받아 신진대사를 원활하게 하며 열 손실이나 서리 피해를 줄인다. 매우 덥고 습한 아열대기후의 관엽식물들은 광합성을 많이 하다 보니 잎이 넓다. 그만큼 수분을 많이 내뿜어 잎으로 열을 식히기도 한다. 그런가 하면 사막의 다육식물은 체내 수분이 증발하지 않도록 아예 잎을 없애는 형태로 진화하기도 했다.

2015년 나는 유난히 기억에 남는 잎을 가진 식물을 만났다. 보통 때라면 내가 식물이 있는 곳을 찾아가야 했지만, 이 식물은 멀고 먼 뉴질랜드에서 나를 찾아와주었다. 매개가 되어준 건 화장품이었다. 한 화장품회사로부터 뉴질랜드에서 자생하는 주원료 뉴질랜드삼을 그려달라는 요청을 받았다. 국내에 도입되지 않은 종이었기 때문에 검역을 거쳐 공식적인 절차를 밟아 내 손에 쥐여졌다. 뉴질랜드삼은 토착식물로, 원주민들은 이 잎 사이에 있는 투명한 젤리를 알로에베라처럼 화상이나 상처 치료에 이용하기도 한다고 했다.

식물을 보냈다는 연락을 받은 지 한 달 정도 지났을 때 드디어 봉투에 겹겹이 싸인 뉴질랜드삼을 볼 수 있었다. 보자마자 내가 생각했던 것과는 크게 달라 깜짝 놀랐다. 뉴질랜드삼은 키가 내 작업실 끝에서 끝까지 닿을 정도로 컸다. 내가 가진 가장 긴 줄자로 여기저기 재어보니 주요 부위인 잎만 해도 한 장의 길이가 3미터를 훌쩍 넘겼다. 우리나라에서 만난 잎은 아무리 커도 1미터를 넘기지 않았고, 대개 20센티미터 내외였다. 그런데 뉴질랜드삼의 이 기다란 잎을 보니 얼마나 축소해서 그려야 할지 고민스러웠다.

긴 잎을 바닥에 펼쳐두고 관찰해 그리는 내내 나는 자연스레 이 식물이 살던 뉴질랜드의 건조한 환경을 떠올렸다. 강한 태양빛이 내리쬐는 산 중턱, 수분이 부족해 기다란 잎에 많은 수분을 저장해야 했던 삶. 비록 자생지에 가보진 못했지만 잎을 보면서

Phormium tenax J.R.Forst. & G.Forst.

뉴질랜드의 강한 햇빛과 온난한 기후대에서 자생해
길고 두꺼운 잎을 가진 뉴질랜드삼. 잎의 길이가 2~3미터에 이른다.

이 식물의 삶을 조금은 이해할 수 있었다.

뉴질랜드삼을 그리고 얼마 지나지 않아 나는 구상나무를 그렸다. 구상나무는 제주도 한라산에 자생한다. 잎이 가느다란 바늘잎나무인 구상나무는 뉴질랜드삼과 정반대로 잎 너비가 0.2센티미터도 안 됐다. 우리가 추운 겨울이면 몸을 웅크리듯, 이들도 매서운 겨울을 나기 위해 잎 표면적을 최대한 줄인 채 진화했기 때문이다. 구상나무를 그리는 동안에는 춥고 높은 한라산 정상을 떠올렸다.

식물의 잎을 그리며 나는 이 세상에 존재하는 잎의 형태만큼 우리가 사는 환경도 다양하다는 것을 이해하게 된다. 잎은 종의 성격뿐만 아니라 개체 각각의 삶도 있는 그대로 드러낸다. 어떠한 성질의 토양에서 얼마큼의 햇빛을 받고 수분을 섭취하며 얼마나 오랫동안 살아왔는지를. 수많은 식물이 이토록 다양한 형태로 살아가는 곳이 바로 숲이다.

언젠가 아빠는 고향 광릉숲의 단풍이 세상에서 가장 아름답다고 말한 적이 있다. 평생 수십 번은 보았을 익숙한 고향의 숲을 최고로 꼽은 건, 그곳의 단풍이 한 가지 색이 아니라 빨간색, 노란색 주황색 분홍색 등 다양한 색으로 조화를 이루고 있기 때문이라고 했다. 나는 아빠의 감탄에 한마디 보탠다. "다채로운 색깔로 물든 단풍 숲은 그 안에 다양한 종의 나무가 살고 있다는 걸 보여주는 증거예요." 그렇게 생물 다양성은 가을 풍경으로도 드러난다.

수목원으로 가는 숲길. 붉은 단풍이 든 복자기에 감탄하며 문득 식물 다양성에는 이토록 감동받으면서도 우리 스스로는 과연 다양한 형태의 삶을 살고 있는지, 나와 조금 다른 모습과 형태로 살아가는 사람들에게 편견을 갖거나 그들을 배척하지는 않았는지 생각해봤다. 숲은 내게 묻는다. 모든 종의 다양성을 그처럼 강조하면서도, 막상 우리 인간이란 종의 다양한 모습은 인정하지 않으려 하는 건 아닌지.

귀를 기울이면 알게 되는 것

계수나무 잎이 노랗게 물들어가는 가을이면 실내에만 있기 아쉬워 자꾸만 밖으로 나가게 된다. 지금을 그냥 흘려보내면 앞으로 6개월 가까이 푸르른 풍경을 볼 수 없을 걸 알기에 내 마음은 더욱 조급해진다.

가을 숲에선 초록색 잎에 대비되는 붉은 열매들이 눈에 띈다. 같은 붉은색이라도 새빨간 색부터 검은색에 가까운 붉은색까지 다양하다. 색만큼 크기도 각양각색인 열매들은 내 발걸음을 자꾸만 멈춰 세운다. 촘촘히 달린 주목 열매, 꽃이 진 자리에 작은 석류 모양으로 달린 해당화 열매, 그리고 흰 꽃이 진 자리에 달린 붉은 산사나무 열매······.

산사나무 열매가 익어갈 때면 나는 수목원에 있는 어느 산사나무를 찾는다. 그 곁에서 붉은 열매를 사진으로 찍기도 하고, 또 얼마간은 나무 아래 가만히 서 있어보기도 한다. 산사나무 열매는 언뜻 보면 동그란 모양 같지만, 자세히 보면 씨앗이 들어 있는 모양대로 각이 져 있는 유기적인 형태를 하고 있다. 나는 열

214

Crataegus pinnatifida Bunge

열매가 붉게 익은 가을의 산사나무. 낙엽이 지고 가지에 잎이 얼마 남지 않았다.
번호순으로 잎이 달린 가지, 꽃, 씨앗.

매가 달린 모습을 스케치하고, 열매의 크기를 자로 재고, 잎의 색을 골라 기록한다. 글을 쓰는 지금 이 나무는 잎을 반 정도만 남긴 채 노랗게 물들어가고, 열매는 검은색에 가까운 붉은색으로 익었다.

산사나무를 그리다 보니 중국인 친구가 생각나 오랜만에 안부를 전했더니 친구는 산사나무에 얽힌 추억을 들려주었다. 산사나무야말로 중국 사람들이 가장 친근하게 여기는 나무여서, 친구도 어렸을 적 마당의 산사나무 열매를 자주 따 먹었고, 마을 어른들은 그 열매로 술을 빚었다고 했다. 식물엔 특별히 관심이 없다면서도 산사나무만큼은 친숙하게 여기며 그에 얽힌 사연을 줄줄 풀어놓는 친구를 보며 중국인과 산사나무의 관계를 대략은 짐작할 수 있었다.

중국 사람들은 산사나무 줄기에 달린 가시가 불행으로부터 자신을 지켜준다고 생각한다. 마당 울타리에 심어 정원수로 애용할 만한 이유다. 우리나라에서도 즐겨 먹는 중화권 간식 탕후루도 원래 산사나무 열매를 꼬치에 끼워 만든 것이다. 산사나무 열매는 소화에 효과가 좋다고 알려져 있어, 탕후루가 아니라도 마트에서 파는 중국 사탕 중에는 산사나무 열매를 재료로 만든 것이 많다. 산사나무는 중국의 대표적인 민속식물인 셈이다.

오래전부터 사람들이 이용해온 식물을 민속식물이라 한다. 우리가 잘 알고 있는 아스피린도 대표적인 민속식물인데, 로마인이 버드나무 껍질을 해열제로 이용하는 데서 착안해 약으로 개발되었다. 전통 지식이 잘 보존돼 있는 인도와 중국은 자생식물의 약 40퍼센트가 민속식물이다. 반면 우리나라는 일제강점기와 전쟁을 거치며 식물 기록이 많이 소실되었고, 뒤이어 급속한 산업화·도시화가 이루어지면서 민속식물에 관한 전통 지식을 가진 사람들을 찾기가 어려워졌다. 그런 가운데 몇몇 식물 연구기관에서 2000년대 이후 민속식물 전통 지식을 꾸준히 수집하고 있다.

언젠가 동료 식물학자가 전국을 돌아다니느라 바쁘다기에 무슨 일로 그렇게 여기저기 출장을 가느냐고 물었다. 그는 어느 시골 마을회관에 간다고 했다. 요즘 전국 곳곳의 마을회관을 찾아다니며 어르신들의 이야기를 듣고 노트를 하거나 녹음해 기록하는 게 일이라고 했다. 강화도의 어느 어르신은 어릴 때부터 고수를 김치로 담근 이야기를, 충북 단양에 사는 어르신은 살구나무 씨앗을 말려 먹으면 피부에 좋다는 이야기를 그에게 들려주었다. 연구자들은 이 자료들을 차곡차곡 수집해 자료를 확보하고, 앞으로의 연구 재료로 활용한다. 그 모습을 본 후로는 나도 주변 사람들의 식물 이야기를 전보다 더 귀 기울여 듣게 됐다.

열매가 익어가는 가을 숲에선 붉은 열매를 단 유용한 민속식물들을 볼 수 있다. 강원도에서는 주목 열매로 술을 담갔고, 전라도에서는 그 잎을 삶아 하혈할 때 약 대신 먹었다. 조금 더 걸으면 보이는 해당화 열매는 널리 술 재료로 쓰였고, 끓여서 불면증 치료에 이용하기도 했다. 빨갛게 익은 산사나무 열매는 중국에서뿐만 아니라 우리나라에서도 술을 담그거나 생으로 먹었다. 잎은 위 건강을 위한 약으로도 이용됐다. 모두 평범한 사람들의 경험을 통해 긴 세월 입에서 입으로 전해내려온 전통 지식이다.

민속식물을 연구한다는 건 아무도 들으려 하지 않는 시골 할머니 할아버지의 이야기에 귀를 기울이며, 그분들을 귀하게 대접하는 일이다. 가끔은 그 어떤 위대하고 엄청난 결과물보다 사소한 것들이 차곡차곡 쌓여가는 과정이 더 아름답게 느껴질 때가 있다.

귀한 꽃을 보여줄까요?

식물은 뿌리와 잎, 줄기, 꽃과 열매, 씨앗 등의 기관을 갖고 있다. 이 기관들은 식물의 삶에 늘 함께하는 게 아니라 일시적으로 존재한다. 잎이나 줄기 같은 영양기관은 대체로 식물이 살아가는 긴 시간 동안 존재하지만 꽃과 열매, 씨앗 같은 생식기관은 우리가 모르는 사이 나타났다 순식간에 사라지기도 한다.

봄과 여름이면 나는 더욱 바빠진다. 산과 들에 꽃들이 한꺼번에 피어나기 때문이다. 대부분의 현화식물*은 1년에 한 번 꽃을 피우지만 민들레처럼 여러 번 꽃을 피우는 식물도, 무궁화처럼 아침저녁으로 꽃이 피고 지는 것을 반복하는 식물도 있다. 그래서 꽃을 기록하는 일은 잎이나 가지, 열매를 기록하는 일에 비해 까다롭다. 꽃은 다른 기관보다 볼 수 있는 기간이 짧고, 그 시기도 변화무쌍하다. 내가 보고 싶다고, 필요하다고 그들을 그릴 수 있는 게 아니다. 어느 꽃이 피었다는 소식에 급히 그곳에 가보면

---

* 생식기관인 꽃이 있고 열매를 맺으며, 씨앗으로 번식하는 식물.

꽃이 금세 져서 떨어져 있는 일도 허다하다. 그렇게 개화 시기를 놓치면 다시 내년을 기약해야 한다. 그나마 내년을 기약할 수 있으면 다행스러운 일이다. 언제 꽃을 피울지 기약 없는 꽃도 있기 때문이다. 수십 년에 한 번, 100년에 한 번 핀다는 꽃들이 있다.

가을 내내 여름에 관찰했던 원추리 기록을 마치고 여유가 생겨 일본의 소도시 고치현에 위치한 마키노식물원을 다시 찾았다. 나는 이곳에서 열리는 표본관 소장품전을 보고 표본관의 연구원을 만나 표본 제작 과정에 관한 이런저런 이야기를 나눈 후 정원을 산책했다. 식물들을 둘러보다 잠시 멈춰 선 사이, 할아버지 한 분이 내게 다가오더니 일본어로 "귀한 꽃을 보여줄까요?" 묻고는 나를 어디론가 이끌었다.

세계 어느 식물원엘 가나 늘 젊은이보다는 어르신이 많고, 그들은 종종 나처럼 지나가는 외국인 관람객에게도 모국어로 말을 건다. 시시콜콜한 식물 잡담부터, 그 식물원에 얽힌 이야기까지. 어르신들과 나누는 대화와 그들이 보여주는 장면에는 늘 배울 것들이 있고, 언제나 좋은 경험이었기 때문에 나는 이번에도 의심 없이 처음 보는 할아버지를 따라갔다. 몇 걸음 지나지 않아 그는 한 나무 군락 앞에 멈춰 섰다.

"이 꽃을 봐요." 대나무의 일종인 왕대가 꽃을 피우고 있었다. "100년에 한 번 피는 귀한 꽃이에요." 할아버지는 흡사 곤충과 같은 그 꽃을 웃으며 가리켰다. 우리가 늘 보는 꽃의 형태는 아니었다. 꽃잎 없이 노란 수술이 가느다랗게 매달려 있는 모습은 작정하고 들여다보지 않으면 지나치기 쉬워 보였다.

나는 몇 년 전에 왕대를 그린 적이 있었다. '인류 역사를 바꾼 식물'이라는 주제로 사람들에게 대나무를 소개하는 그림이었다. 물론 그때는 왕대 꽃을 본 적도 없고 볼 수도 없었기에 어렵게

구한 고해상도 클로즈업 사진을 보고 그릴 수밖에 없었다. 늘 아쉬움으로 남아 있던 차에 우연한 기회로 귀한 대나무 꽃을 보는 순간, 그 그림이 떠올랐다. 내가 기록했던 것보다 수술이 크고 색도 짙었다. 이걸 스케치해간 다음, 그림을 수정해야겠다고 마음 먹었다.

할아버지와 내가 꽃을 보며 이야기를 나누는 사이 지나던 사람들도 우리 대화를 엿듣고는 왕대 꽃 앞에 멈춰서 사진을 찍었다. 곁에 다가온 사람들과 꽃 이야기를 나누고 주변을 돌아보자 할아버지는 어느새 사라지고 없었다.

사람들이 꽃을 이렇게 좋아했던가? 게다가 대나무 꽃은 사람들이 좋아하는 화려한 색과 형태도 아닌데…… 이런저런 생각을 하며 대나무 꽃을 관찰하다 문득 사람들은 대나무 꽃을 좋아한다기보다 이렇게 희귀한 꽃을 볼 수 있는 기회, 말하자면 행운을 반기는 게 아닐까 하는 생각이 들었다.

대나무는 60년에서 120년에 한 번 꽃을 피운다고 알려져 있다. 물론 이마저도 우리의 추측일 뿐, 인간이 100년 사는 동안 한 번 보기도 힘들다고 하는 게 바로 대나무 꽃이다. 꽃이 너무 귀해 '신비의 꽃' '행운의 꽃'이라 불린다.

나 역시 숲을 다니다 보면 가끔 이런 행운을 바라게 될 때가 있다. 꽃과 내가 만나는 순간, 식물이 만개한 모습을 포착하는 행운. 식물은 늘 같은 자리에 있기 때문에 나만 노력하면 쉽게 원하는 모습을 볼 수 있을 거라 생각했다. 하지만 그림을 그리며 알게 됐다. 아무리 자주 찾아도 절정의 순간은 놓치기 쉽다는 것을. 자연의 시간은 누구도 예측하기 어렵다. 시기가 맞지 않아 관찰에 실패하고 내년 내후년을 기약해야 하는 때가 있는가 하면, 마침 시기가 잘 맞아 우연히 찾은 식물이 꽃을 활짝 피운 모습을

Phyllostachys bambusoides Siebold & Zucc.

왕대. 번호순으로 잎, 줄기, 꽃, 포엽(4~6), 수술, 씨앗(8~9).

Sasa palmata (Bean) E.G.Camus

왕대와 비슷한 조릿대는 1년에 한 번 봄에 꽃을 피운다.
그림은 제주조릿대.

볼 수 있을 때도 있다. 비가 유독 많이 와서 꽃이 피기도 전에 꽃 망울이 떨어져 없어져버리는 경우도 있다. 인간 때문에 생기는 변수도 문제다. 그림을 그리려고 꾸준히 모니터링해오던 식물을 누군가 채취해가거나, 팬데믹처럼 이례적인 이유로 외출과 이동을 할 수 없는 상황을 맞닥뜨리면 식물을 보고 싶어도 볼 수 없다. 게다가 내게 온종일 한 식물만 관찰할 여유가 있는 것도 아니니, 짬을 내서 다시 식물을 찾아도 꽃이 져버리고 없을 때가 많다.

2017년에도 매자나무를 그리기 위해 몇 번이고 나무를 찾았지만, 아직 피지 않은 꽃봉오리와 이미 꽃이 져버린 뒤의 모습밖에는 보지 못했다. 외출을 자제해야 했던 며칠 사이 꽃이 만개해 다시 찾았을 땐 다 져버리고 없었기 때문이다. 식물을 마음껏 볼 수 없게 되자, 식물과 나 사이에도 타이밍이 중요하다는 걸 부쩍 실감했다.

한번은 멸종위기종인 개느삼 꽃을 그리려고 찾고 있었다. 그런 나를 본 연구실 동료가 휴대전화에 저장해둔 꽃 사진을 자랑하길래 봤더니, 2주 전에 찍은 개느삼 사진이 있었다. 나는 곧바로 물었다. "개느삼 꽃 언제 어디서 봤어요? 애타게 찾고 있었는데!" 동료의 무심한 답변이 돌아왔다. "지난주에 강원도 출장 다녀오면서 봤는데? 지금은 다 졌지."

'걔는 머글이 탄다더니…….' 소위 덕질하는 사람들이 하는 이 말이, 식물 일을 할 때도 곧잘 생각난다. 그러고 보면 내가 지금껏 완성한 식물세밀화도 우연하고도 결정적인 만남의 결과다. 내가 만나는 모든 꽃도 결국 나와 식물 사이의 기막힌 타이밍이 맺어준 인연이다. 어느 여름 날 출근길 버스 정류장 화단에서 본 보라색 나팔꽃은 오후면 잎을 닫아버릴 꽃의 귀한 만개 순간이다. 장마 직전에 만난 곧은 줄기의 상사화도 간발의 차이로 빗줄기에 꺾여버린 모습으로 만났을지 모를 일이다. 이런 경우의 수를 떠올리면 지금 내 앞에 있는 흔하디흔한 코스모스 한 송이도 더없이 소중하게 느껴진다.

겨울

Winter

호랑가시나무와 나의 정원

어린 시절 매년 12월이 되면 부모님은 식물 잎과 열매로 만들어 진 동그란 리스를 현관문에 걸어두었다. 진녹색의 두껍고 뾰족한 잎사귀 사이사이를 빨갛고 동그란 열매로 군데군데 장식한 이 리스 조형물은 우리 가족에게 크리스마스가 머지 않았다는 알림이었고, 나와 동생에겐 곧 크리스마스 선물을 받게 된다는 기대를 갖게 했다. 당시로선 그 리스가 정말 살아 있는 식물인지 조화인지 알 수 없었지만, 지금 와 되돌아보면 부모님이 매년 서랍에서 꺼내 달았다 떼기를 반복했던 걸로 보아 아마도 플라스틱 소재의 조화가 아니었을까 싶다. 그렇게 새해 2월이 되면 그 장식은 다시 서랍 깊숙한 곳에 보관되었다.

10여 년이 지난 후 나는 그 장식물 속 식물을 실제로 만날 수 있었다. 낙엽이 한창인 늦가을, 견학 차 방문한 천리포수목원에서 어릴 적 해마다 겨울이면 보았던 그 빨간 열매와 가시 잎을 발견한 것이다. 진녹색의 두꺼운 잎 모서리에 뾰족한 가시가 돋친 것을 보아 현관에 걸려 있던 그 식물이 분명했다. 나무 앞에 놓인 이름표에는 '호랑가시나무'라고 쓰여 있었다.

잎 모서리에 난 가시가 어찌나 뾰족한지 호랑이도 가시에 찔릴까 무서워할 정도라는 호랑가시나무. 이 식물이 속한 가족은 전 세계적으로 600여 종이 있는데, 그 가운데는 땅을 겨우 덮을 정도로 키가 자그마한 나무도 15미터까지 자라는 거대한 나무도 있다. 그중 크리스마스 장식으로 주로 이용되어온 종은 유럽호랑가시나무이며, 호랑가시나무는 우리나라 남부 지방에서도 볼 수 있다.

'홀리Holly'라는 영명에서 유추할 수 있듯, 호랑가시나무속 식물들은 수 세기 전부터 종교적 상징물로 여겨져왔다. 기독교인들은 호랑가시나무의 뾰족한 잎이 예수의 가시면류관, 빨간 열매가 예수의 피를 의미한다고 생각했고, 그 잎과 열매가 재해와 악몽으로부터 사람들을 지켜준다고 여겼다. 동그란 리스 형태로 만들어 집집마다 문 앞에 걸어두는 조형물로 쓰게 된 것도 재앙을 막아달라는 뜻에서였다. 같은 이유로 유럽에서는 집 주변에 호랑가시나무를 많이 심기도 하고, 함부로 호랑가시나무를 베어내지도 않는다.

호랑가시나무는 겨울 정원을 아름답게 만들어주는 늘푸른나무이고, 크기와 형태가 다양한 데다 병해충 피해도 적기 때문에 정원수로 사랑받고 있다. 특히 진녹색 잎에 대비되는 빨간 열매는 이 나무의 대표적인 모습으로 여겨질 만큼 눈에 띄게 아름답다. 사실 호랑가시나무속이라고 해서 모두 빨간 열매를 갖는 것은 아니어서 검은색, 주황색, 노란색, 흰색 등 열매 색이 다양하다. 단지 크리스마스를 떠올리게 하는 '빨강과 초록'의 대비 때문에 빨간 열매를 맺는 품종들이 주로 육성되어온 것이다. 호랑가시나무는 암그루와 수그루가 따로 있고, 암그루만 열매를 맺을

Ilex cornuta Lindl. & Paxton

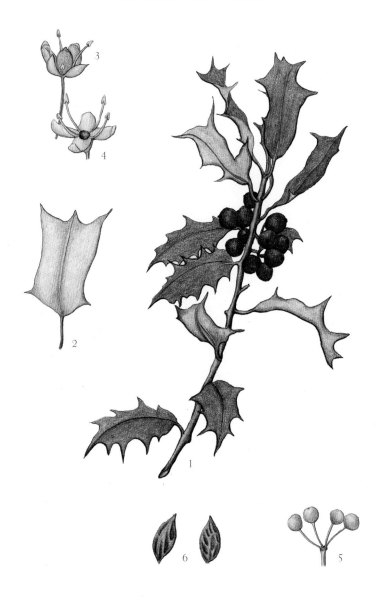

호랑가시나무.
번호순으로 잎과 열매가 달린 가지, 잎, 꽃(3~4), 열매, 씨앗.

Ilex x *wandoensis* C. F. Mill. & M. Kim

완도호랑가시나무는 호랑가시나무와 감탕나무의 자연교잡종으로,
호랑가시나무에 비해 잎이 둥글며 잎 가장자리의 가시도 덜 뾰족하다.

수 있기 때문에 정원 나무로는 암그루를 선택한다. 다만 생식을
위해서는 주변에 수그루도 있어야 한다.

1978년에는 천리포수목원을 설립한 민병갈(1921~2002) 원
장이 식물 탐사를 위해 전남 완도에 방문했다가 호랑가시나무
와 감탕나무의 자연교잡종으로 유추되는 신종을 발견했다. 민
병갈 원장은 미국에서 태어나 한국으로 귀화했다. 원래부터 식
물을 전공한 건 아니고, 한국에 온 뒤 증권회사에 다니며 충
남 천리포 바닷가 앞 땅을 사서 주말마다 자신의 정원을 꾸
렸다. 그는 우리나라 자생식물에도 관심이 많아 전국으로 식

물 탐사도 자주 다녔는데, 그때 완도에서 발견한 호랑가시나무를 '완도호랑가시나무'라 명명해 발표하기도 했다. 일반적으로 호랑가시나무속은 잎을 통한 식별이 가장 쉬운데, 완도호랑가시나무는 잎이 넓은 편이다. 이 나무는 완도군의 대표 식물로서 가로수와 정원수로 식재된다. 천리포수목원에는 완도호랑가시나무를 포함해 수많은 호랑가시나무 가족이 함께 자라고 있다.

나는 지금 천리포수목원에서 이 글을 쓴다. 언제부터인지 모르겠지만 1년에 한두 번은 꼭 이곳을 찾았다. 아침에 일어나 문득 '오늘은 천리포에 가자' 마음먹고 혼자 온 적도 있고, 이곳 풍경과 식물들을 보여주려 친구들을 데리고 온 적도 있다. 특히 4월이 되어 목련이 피기 시작할 즈음이면 이곳의 다양한 목련꽃을 보러 오는 게 당연한 일이 되었다. 심포지엄이나 세미나가 열리면 어느 해는 대여섯 번을 방문하기도 한다. 천리포수목원에선 민병갈 원장이 외국에서 도입해 식재한 풀과 나무, 그리고 그가 처음 발견해 명명한 우리나라의 자생식물을 수없이 만날수 있다.

나는 민병갈 원장을 실제로 본 적이 없다. 그는 내가 고등학생이던 2002년에 세상을 떠났다. 그럼에도 어쩐지 그가 익숙하게 느껴진다. 그것은 아마 내가 천리포수목원에 자주 방문했기 때문일 것이다. 이미 오래전 세상을 떠난 화가나 작가, 가수의 활동을 통해 이들을 친숙하게 느끼듯, 나는 민병갈 원장이 천리포수목원에 심어놓은 거대한 나무들을 바라보며 그를 그려보고 상상해본다.

가끔 우리 원예학계의 큰어른인 최주견 선생님과 만나 산책을 한다. 그러면 선생님은 몸담았던 그 분야의 역사를 줄줄 읊으

231

신다. 여든이 넘은 선생님은 40~50년 전 이야기도 마치 어제 일처럼 말씀하시는데, 그 이야기엔 민병갈 원장도 등장한다. 식물을 특별히 좋아했던 사람으로.

사람들은 내게 식물을 무척 좋아하는 것 같다고들 한다. 스스로 식물을 특별히 좋아한다고 생각해본 적이 없는 나는 이 말이 생경하게 들린다. 식물은 이미 그 자체로 좋은 것이기에, 내가 식물에 갖는 마음도 그저 당연한 것이라고만 생각했다. 게다가 내 주변엔 평생 초화만 연구하고 기록해온 최주견 선생님 같은 분이 수두룩하다. 이런 분이 '식물을 특별히 좋아했다'고 회상할 때는 민병갈 원장의 식물 사랑이 얼마나 깊었을지 도저히 가늠되지 않는다.

나는 오늘도 천리포수목원을 걸으며 민병갈 원장을 떠올렸다. 연고가 없는 먼 나라에 와서 어떤 마음으로 땅을 메꾸고, 나무를 심고, 꽃이 피기를 기다렸을까? 그리고 무엇이 이 나라에 정착하기로 마음먹게 한 계기가 되었을까? 그가 천리포수목원을 만들 당시 우리나라는 먹고살기 바빠 식물 중에서도 먹을 수 있는 채소나 과일 등 농작물을 연구하는 데 몰두하던 처지였다. 관상을 목적으로 하는 화훼식물을 연구하고 정원을 가꾼다고 하면 배부른 소리라며 모두 회의적이었던 시절이다. 1960~1980년대에 화훼를 연구하던 이들은 그 시대를 회상하며 꽃을 연구해온 서러움에 대해 입을 모아 이야기한다. 앞장서서 길을 내며 걸어온 이들의 식물에 대한 갈망와 열정이 아니었다면, 우리가 지금 전국 곳곳의 아름다운 정원들을 보는 일도 없었을 것이다.

천리포수목원을 산책하는 동안, 나는 마치 민병갈 원장이 만든 살아 있는 도감 한 권을 정독하는 듯한 감상에 빠졌다. 천리포수목원처럼 거대한 식물원은 아니라도, 언젠가 나만의 작은 정원을 꾸리고 싶다는 바람이 내게도 있다. 정원에는 내가 좋아하는 계수나무와 흰꽃을 피우는 무궁화, 호랑가시나무도 심고 싶다. 이른 봄에는 크로커스와 튤립, 설강화 같은 알뿌리식물들이 꽃을 피우고, 그 꽃들이 다 질 즈음엔 꽃마리와 꽃다지를 비롯해 잡초라 불리는 봄꽃들이 앞다투어 피어나며, 여름이면 푸르른 나뭇잎들이 햇살에 반짝반짝 빛나는 정원. 한여름에는 흰 무궁화도 만개할 것이다. 계수나무가 달콤한 향기를 내뿜고 풀과 나무가 주황색으로 물드는 가을이 지나고, 한겨울 흰 눈이 쌓이면 호랑가시나무의 빨간 열매가 정원 한가운데서 영롱하게 빛날 것이다. 먼 훗날, 식물을 기록하는 할머니가 된 내가 동물 친구들과 이 정원을 산책하는 상상을 해본다.

설강화를 좋아하는 사람들

갑자기 제주도 식물 조사 출장이 잡혔다. 한겨울에 온종일 바닷가에서 식물을 찾아다녀야 한다는 말에 가족들은 힘들겠다며 걱정했지만, 사실 나는 그 어느 때보다 가슴이 두근거렸다. '바닷가 식물을 조사할 수 있다니! 그것들을 어떻게 기록해야 할까?'

계획이 잡히고, 좋아하는 음악가의 연주회를 고대하듯 관련 논문들을 샅샅이 훑어보며 출장 갈 날만 기다렸다. 한겨울 바닷가의 추위도, 이 조사로 인해 미뤄지는 다른 일정들도 전혀 문제가 아니었다. 나를 정말 슬프게 한 문제는, 코로나19로 사회적 거리두기 방역 조치가 강화되면서 이 출장 계획이 무기한 연기되었다는 소식이었다.

코로나19의 여파로 취소되거나 연기되는 일정이 많아지면서 2020~2021년엔 작업실에서 식물을 들여다보는 일이 주가 되었다. 식물들이 사는 산이나 식물원에는 사람이 별로 없을 텐데 왜 조사까지 취소되는지 의아할 수도 있겠지만, 코로나19 이후 오히려 사람들이 도심이 아닌 자연을 찾는 일이 많아졌고, 그래서 식물이 있는 장소가 사람들로 붐비는 시대가 되었으니 어쩔 수 없는 일이다. 한 사립식물원 관계자는 개원 이래 개인 관람객이 이렇게 많았던 적은 처음이라고 했다.

작업실에 앉아 있는 시간이 길어지면서 현미경으로 식물을 더 자세히 관찰하는 시간도 늘었다. 화병에 꽂혀 있던 거베라와 작약을 해부해 종일 들여다보기도 하고, 화분에 핀 선인장 꽃 사진을 여러 각도에서 찍어보기도 한다. 시간을 들이는 만큼 더 많은 게 보인다. 눈으로는 잘 보이지 않던 꽃받침의 털과 꽃, 수술대와 같은 작은 기관들을 현미경 렌즈로 들여다보고 나면 거베라 한 송이가 더 위대한 존재로 느껴질 수밖에 없다. 좋아서 들여다보고, 들여다보면 그만큼 더 좋아진다. 무언가를 좋아한다는 것은 스스로 루페와 현미경이 되어 대상을 세밀히 탐구하는 일이다.

식물을 좋아하는 사람들은 처음엔 길가에 보이는 식물을 대강 훑어보기 시작하다 꽃집과 꽃시장에 머무르는 시간이 길어지고, 식물을 보러 좀더 멀리 있는 식물원·수목원을 방문하거나 근교의 산과 숲을 찾는다. 처음에 흥미를 느낀 건 식물계 전체였지만, 시간이 지날수록 백합목, 수선화과, 갈란투스속…… 이렇게 더 작고 세밀한 분야, 자신의 구체적인 식물 취향을 찾아간다. 사람의 취향이란 특별하고 희귀한 것을 향하기 마련이다. 무거운 카메라를 들고 높은 산에 올라 멸종 위기 야생화를 찍는 사람들, 잎 색이 독특한 변이종을 수십만 원대에 구입하는 사람들. 모두 식물 애호심으로 고생도 마다하지 않는 이들이다.

나는 몇 개의 식물 협회에 가입되어 있다. 그중 특별히 애정이 가는 곳이 있다면 바로 무궁화연구회다. 다른 협회는 원예, 식물, 생태처럼 큰 카테고리로 연결되어 있는데, 이 협회만은 무궁화라는 특정 식물 종에 집중한다. 회원 중에는 무궁화 농장을 운영하는 농장주도 있고, 무궁화 연구에 골몰하는 연구자와 학생도 있으며, 그저 무궁화가 좋아서 가입한 애호가들도 있다. 회원들은 각자 다른 일을 하지만 오로지 무궁화를 향한 관심 하나로 이곳에 모였다.

우리는 1년에 두어 번 모여 무궁화의 보존과 발전을 논의한다. 회의에서 오가는 말들은 이렇다. "어떻게 하면 사람들이 무궁화를 좋아하게 될까요?" "무궁화가 이렇게 다양하고 귀하고 쓸모 있는데 말입니다!" 이런 이야기를 들으면 기분이 좋아진다. 나도 이들처럼 무궁화를 좋아해서, 언젠가 우리나라에서 육성한 다양한 무궁화 품종을 그림으로 기록하고 싶다는 바람도 갖고 있다. 국립수목원 한가운데, 사람들이 가장 많이 오가는 길목에는 무궁화 정원이 있다. 한여름 무더위가 찾아오고 사람들이 산책조차 마다할 시기가 되면 이 정원엔 무궁화 꽃이 가득 핀다. 희거나 붉거나 푸르른 다양한 색의 꽃잎, 화려한 겹꽃과 단아한 홑꽃, 무궁화는 저마다 다른 색과 형태의 꽃을 피웠다. '선녀'는 꽃이 새하얗지만 꽃잎이 빛을 따라 은은한 연보랏빛을 띠었고, '아사달'은 분홍 물감을 묻힌 붓이 스친 듯 꽃잎 부분부분이 분홍빛으로 물들어 있었다. 들여다보면 볼수록 다양하고 아름다운 형태였다. 그 모습에 감탄하며 이름표를 보면 '선녀' '아사달' '첫사랑'과 같은 우리말 이름이 쓰여 있었다. 무궁화를 그려야겠다는 마음이 든 건 이 정원의 나무들을 보고 난 후부터다.

무궁화연구회 말고도 세계적으로 목련, 장미, 프리지아 등 특정 식물을 좋아하는 사람들이 그 종만을 연구하기 위해 만든 모임이 많다. 그중에서도 설강화 애호가들의 사랑은 유별나다. 설강화를 좋아하는 사람을 칭하는 용어가 있다. 갈란토필 galantho-

Hibiscus syriacus 'Kojumong'

무궁화 '고주몽'. 분홍색 홑꽃으로, 꽃잎이 편평하게 벌어져 핀다.
품종명은 고구려 시조 고주몽의 이름에서 따왔다.

phile 또는 갈란토마니아galantho-mania. 갈란투스Galanthus(설강화)를 좋아하여 수집·재배하는 사람이란 뜻으로, 열정적인 갈란투스 애호가인 E. A. 볼스(1865~1954)가 '갈란토필'이란 말을 처음 쓴 것으로 알려져 있다. 흰 우유를 의미하는 '갈라'에서 유래한 갈란투스는 스노우드롭과 설강화의 속명이다.* 설강화는 빠르면 10월부터 이듬해 4월까지 꽃을 피우지만 제철은 1월과 2월이다. 바로 이때부터 설강화 생체를 구입하려는 애호가들로 원예 시장이 들썩인다. 이들 사이에서 1~2월 카드 값은 파멸의 길이란 말이 있을 정도다. 물론 설강화가 시들기 시작하는 3월이 되면 카드 값도 제자리로 돌아온다.

설강화를 유난히 좋아한다고 할 수는 없지만, 나도 애호가의 마음을 어느 정도는 이해할 수 있다. 나 역시 매일 외국 경매 사이트에서 식물세밀화가 그려진 고서를 찾아다니는 식물 고서 애호가이기 때문이다. 설강화 애호가가 식물 생체를 원하듯, 나는 그림을 원한다는 차이밖에는 없다.

설강화는 앙증맞고 귀엽고 투명하게 빛나는 꽃을 피운다. 겨우내 쌓인 눈 사이에서 피어나는 흰 꽃을 실제로 보고 나면 누구라도 그 아름다움에 마음을 빼앗길 수밖에 없을 것이다. 하지만 내게는 유독 이 식물에 광기 어린 애정을 보이는 사람들이 많은 것이 늘 신기하고 이색적이게 느껴진다. 설강화가 아름답지 않다는 건 아니지만, 세상에 설강화만큼 아름다운 식물은 많

---

* 이 글을 쓰면서도 이 식물을 갈란투스라 해야 할지, 스노드롭이라 해야 할지 고민이 많다. 우리나라에선 스노드롭이라고 널리 알려져 있지만, 갈란투스속 식물을 총칭하는 갈란투스가 정확한 이름이라고 생각하기 때문이다. 우리나라 국가표준재배식물목록에서는 설강화라는 이름을 추천하고 있다. 이 글에서는 추천명인 설강화를 쓰기로 한다.

Galanthus nivalis L.

설강화는 한겨울에 새하얀 꽃을 피운다.
번호순으로 전체 모습, 꽃, 꽃잎(3~4), 수술, 열매, 열매 단면, 씨앗.

기 때문이다. 이런 의문으로 설강화와 애호가들을 오랫동안 지켜본 나는, 이제 그 사랑의 이유를 어느 정도는 이해할 수 있게 되었다.

설강화가 사랑받을 수밖에 없는 가장 큰 이유는 한겨울에 꽃을 피우기 때문이다. 11월부터 황량한 겨울 풍경에 마음이 메말랐던 사람들의 기대감 속에서, 설강화는 꽃을 피운다. 흰 눈밭을 뚫고 녹색 줄기가 올라오고 방울 모양 꽃이 피어나는 모습은 희망과 낙관의 상징처럼 보이기도 한다.

물론 겨울에 꽃을 피우는 식물이 설강화만 있는 것은 아니다. 복수초와 시클라멘, 크로커스 등도 있지만, 사람들이 설강화에 눈길을 돌리는 건 이 식물이 유난히 작고 종마다 형태적 차이도 아주 미세하기 때문이다. 원예가 찰스 크리슨은 "정원의 진정한 아름다움은 디테일에 있다"고 했다. 한눈에 들어오는 큰 식물이 아무리 인상적이라 하더라도, 시간이 지나면서 비로소 가치가 드러나는 건 곳곳에 있는 작은 식물들이라는 것이다. 설강화가 바로 그런 종이다. 특히 미세한 형태의 차이 때문에 흰 꽃잎에 난 녹색 음영의 정도가 종을 식별하는 열쇠가 되기도 한다. 애호가들은 이 작은 차이를 식별하고, 자신들이 식별한 다양한 종을 소유하는 데서 희열을 느낀다. 다른 사람들 눈엔 모두 같은 종으로 보이는 가운데 나만 이들의 다양성을 인지하고 있다는 사실 때문에 더욱 그 매력에 빠지며 우월감을 느끼는 것이다.

설강화 애호가들은 야생 원종의 보존과 대중화에도 적극적으로 기여하는 동시에, 다양한 품종을 탄생시키기도 했다. 그렇게 20종의 원종으로부터 2000종 이상의 품종이 육성되었다. 애호가들은 육성된 품종에 꾸준히 이야기를 담아왔다. 이 이야기 역시 후대 사람들이 설강화를 좋아하는 이유가 되었다.

2015년 한 경매 사이트에서 설강화 생체가 1390파운드(약 200만 원)에 판매되기도 했다. 이 품종은 '웬디스 골드Wendy's Gold'라고 하는 노란 희귀종이었는데, 누군가는 이것에 1000파운드 이상을 지불할 가치가 있다고 여긴 것이다. 삭디작은 알뿌리 하나가 200만 원에 거래된 것을 본 사람들은 이 현상을 이해할 수 없다는 듯 설강화를 다시 보기 시작했다.

설강화에 열광하는 사람들이 많은 만큼 각국의 대표 식물원에서는 매년 2월이 되면 설강화 축제를 연다. 2019년 2월 교토 부립식물원과 그 전해 겨울 런던 첼시피직가든에서 사람들이 가장 많이 모여 있던 곳도 설강화 밭이었다. 겨울에 식물이 있는 곳이라면 어디든 설강화의 개화는 사람들에게 가장 주목받는 장면이다.

설강화 그림을 그리기 위해 나는 3년 전쯤 첼시피직가든에서 구입한 설강화 책을 꺼내보았다. 연두색 표지의 얇은 책이 오직 설강화에 대한 기록으로 빽빽했다. 좋아하는 책, 좋아하는 식물 그림과 사진을 보면 아쉽게나마 그 식물에 대한 열망이 어느 정도 채워지기 마련인데, 설강화만은 노지에서 실제로 만날 때의 기쁨을 그 어떤 기록물로도 채울 수 없다. 추운 겨울 눈 속에 핀 작고 새하얀 설강화를 만나는 반가움은 직접 경험하지 않는 한 느

2015년 경매 사이트에서 1390파운드에 판매된 '설강화'. '웬디스 골드'라고 불리는 품종으로, 노란색 희귀종이다.

241

끼기 어려운 마음이다. 이것이 내가 겨울꽃을 유난히 좋아하는
이유일 것이다.

이 겨울 생강을 먹으며

겨울이 되면 유난히 찾게 되는 식물이 있다. 바로 김장 김치에 빠져서는 안 되는 재료인 생강이다. 다른 음식엔 몰라도 김치에 생강즙이 빠지면 어딘가 부족한 맛이 난다. 겨울이면 생강 생각이 간절해지는 이유는 또 있다. 감기로 칼칼하고 까끌해진 목을 따뜻하게 적셔주는 생강차, 그리고 송년회에서 술 대신 마시는 시원한 진저에일. 매년 겨울 생강을 먹고 마시다 보면 나는 자연스레 생강 그림을 그리던 시절을 떠올린다.

　요리 재료로만 만나는 생강은 사실 향이 좋아 향초나 디퓨저를 만드는 데도 쓰인다. 그림을 그리기 시작했을 땐 나도 생강으로 방향제를 만든다는 말에 갸우뚱했지만, 완제품을 받아보고 의심은 눈 녹듯 사라졌다. 생강 향은 도드라지는 중심 향은 아니었으나, 향을 더 풍부하고 조화롭게 만들어주면서도 특유의 상쾌함을 감돌게 했다.

　생강이 향을 음미하는 식물로 이용된 게 최근의 일은 아니다. 생강 *Zingiber officinale* Roscoe의 종소명 '*officinale*'에는 약용의 의미

243

가 담겨 있다. 이름에서 알 수 있듯, 건강하게 오래 살고자 하는 바람으로 인간은 아주 오래전부터 생강을 요리뿐 아니라 다양한 일상생활에 이용해왔다. 그 다양한 용법 가운데는 생강을 가루 내거나 기름을 짜내 향을 음미하는 방식도 있었다. 19세기 무렵에는 생강 기름을 몸에 바르면 최음 효과가 난다거나, 생강가루가 밤의 힘을 북돋워준다는 소문에 너 나 할 것 없이 생강을 찾아다니기도 했다고 한다.

생강은 여러 예술작품에도 등장한다. 어렸을 때 나는 동화 「헨젤과 그레텔」을 유난히 좋아해 몇 번이고 다시 읽었다. 길을 잃은 오누이가 숲속을 헤매다 발견한, 초콜릿과 쿠키로 만든 마녀의 집은 어릴 적 내가 꿈꾸던 환상의 집이었다. 생강을 그림으로 기록하기 전 여러 논문과 책을 뒤적이며 알게 된 내용 중 가장 충격적이었던 건, 그 마녀의 집이 원래 진저브레드(생강 과자)로 만들어졌다는 내용이었다. 그토록 먹고 싶고 살고 싶던 환상의 집이 '생강 집'이었다니!

알싸한 향을 맡으며 생강 그림을 그린 뒤 시간이 흘러 우연히 생강을 다시 마주한 건 싱가포르에서였다. 정원의 도시라 불리는 싱가포르에선 길을 지나다 보면 늘 생강이 속한 생강과 식물들을 만난다. 공기를 정화해주는 거대한 잎과 화려하고 커다란 꽃. 생강은 이 꽃과 잎 덕분에 동남아에서 관상식물로도 인기가 좋다. 싱가포르식물원에서는 생강과 식물을 주제로 한 전시도 열렸다. 우리가 늘 이용하는 생강의 뿌리뿐만 아니라 줄기, 잎, 꽃, 열매와 씨앗 등 모든 기관이 담긴 한 장의 그림을 보며 생강이 인간에게 이용되기 위한 존재가 아니라 자연의 일부이자 살아 있는 생물 그 자체라는 사실이 그 어느 때보다 선명하게 와 닿았다. 이 전부를 보지 못하고 뿌리만 알았다면, 눈앞에 생강을

Zingiber officinale Roscoe

생강은 주로 뿌리를 식재료와 약으로 이용해왔다.
긴 줄기에서 다양한 무늬의 잎이 나고 화려한 꽃을 피우는 까닭에
따뜻한 지방에서는 관상식물로도 사랑받는다.

두고도 그게 생강인 줄 몰랐을 것이다. 하나만 알아서는 알 수 없는 것이 있다.

겨우내 먹는 고구마도 마찬가지다. 영국의 식물학자이자 작가, 화가인 마리안 노스(1830~1890)의 전시를 본 적이 있다. 세계를 탐험하며 발견한 식물을 기록한 그의 그림은 영국 큐왕립 식물원의 '마리안 노스 갤러리'에 소장되어 상설 전시되고 있다. 그곳에는 「고구마 Sweet Potato」라는 제목의 그림도 있었다. 그런데 그림 속에는 나팔꽃을 닮은 보라색 꽃과 호박만 있을 뿐 우리가 먹는 바로 그 고구마는 보이지 않았다. 함께 간 이가 중얼거렸다. "제목은 고구마인데 고구마는 없네." 나는 보라색 꽃이 핀 덩굴식물을 가리키며 말했다. "이게 고구마 꽃이에요." 고구마를 그린 적이 있었던 나는 이 그림의 제목이 왜 고구마인지를 금방 알아챌 수 있었다.

우리는 착각한다. 보이는 것이 전부라고. 어떤 존재가 익숙할 땐 마치 그것을 다 알고 있는 것처럼 생각하기도 한다. 마트나 시장에서 채소를 보면 그게 무엇인지 금방 알아챌 수 있으면서도, 같은 식물을 논과 밭에서, 혹은 자연에서 만나면 눈앞에 두고도 알지 못할 때가 많다. 우리가 먹는 채소와 과일은 식물의 일부일 뿐이기 때문이다.

2017년 나는 우리나라에서 육성된 호감미라는 고구마를 그렸다. 호감미는 호박고구마의 한 종으로 뿌리 단면이 먹음직스러운 주황색을 띠고 당도가 높은 것이 특징이다. 또 고구마를 재배할 때 문제를 일으키는 덩굴쪼김병*에 강해서 재배도 쉬운 편

---

* 뿌리나 땅과 가까운 줄기가 썩거나 상해 물을 올리는 통로가 막히면서 식물 전체가 시드는 병.

이다. 기존에 우리가 먹던 고구마는 대부분 일본 품종이기에 호감미는 더욱 반가운 품종이라고 할 수 있다. 호감미를 육성한 연구자는 '모닝 퍼플'이라 이름 붙인 꽃과 씨앗도 꼭 같이 그려달라고 당부했다. 고구마를 연구하고 새로운 품종을 육성하는 이들에게는 뿌리뿐 아니라 꽃과 열매, 씨앗도 귀한 연구 대상이다. 나는 꽃을 주인공으로 뿌리와 씨앗까지 담긴 전체 그림을 완성했다.

고구마는 메꽃과에 속하기 때문에 우리가 잘 아는 나팔꽃과 모습이 비슷하다. 주로 만나는 뿌리가 감자와 비슷한 형태이고, 영어 이름도 '스위트포테이토sweet potato'인 까닭에 고구마와 감자를 친척뻘로 생각하는 이가 많지만 감자는 가지과로 둘은 전혀 다른 종이다. 고구마꽃은 하나로 떨어지는 통꽃으로 수술 다섯 개와 암술 한 개로 이루어져 있고 암술머리는 둥글다. 따뜻한 날씨를 좋아해 우리나라에서는 꽃을 100년에 한 번 볼까 말까 한다는 이야기도 나오지만 최근에는 기후변화로 인해 곳곳에서 꽃을 피우고 있다.

인간에게 필요한 기관은 진화하고 그렇지 않은 기관은 퇴화하는 게 원예식물의 삶이다. 고구마도 먹을 수 있는 뿌리만 필요로 할 뿐 꽃은 방해가 되는 기관이라 여겨 재배할 때 베어버리는게 보통이다. 식물이 꽃을 피워내는 데는 에너지가 많이 드는데, 뿌리에 갈 에너지를 꽃을 피우는 데 써버리면 안 되기 때문이다. 고구마를 재배하는 이에게 꽃은 잡초와 같은 존재다.

반면 정원을 가꾸는 원예가와 조경가에게는 고구마도 중요한 관상식물이 될 수 있다. 우리나라에서는 드물지만 서양에서는 정원을 아름답게 만들어주는 화훼식물로 고구마가 이용된다. 정원식물로 이용할 때는 뿌리를 먹을 일이 없으니 뿌리가 아닌

Ipomoea batatas (L.) Lam.

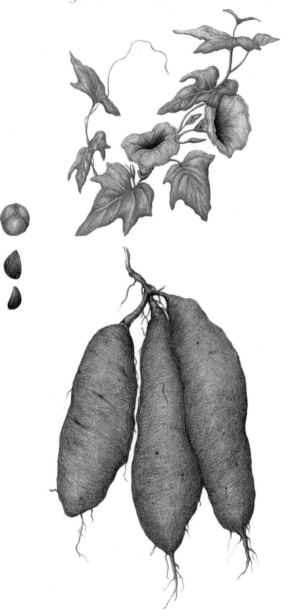

우리나라에서 육성한 신품종 고구마 '호감미(목포91호)'의 꽃과 줄기, 뿌리, 씨앗.

꽃을 중심으로 고구마를 육성한다. 꽃색을 다양하게 하거나 형태를 화려하게 만드는 식이다. (물론 이들도 고구마라 뿌리를 먹는 건 가능하지만 그다지 맛있진 않다고 한다.) 원래 색도 변이가 다양하지만 새롭게 육성된 관상용 고구마 꽃은 옅은 녹색에서 파란색, 진보라색에 이르기까지 더욱 다양한 색과 자태를 뽐낸다. 꽃잎의 형태도 홑꽃만 있는 게 아니라 여러 겹의 레이스처럼 피어나는 등 다양하다.

식물을 완전한 존재로, 전체로서 알게 될 때 우리는 그 식물과 더 가까워진다. 나는 그래서 앞으로도 생강의 잎과 꽃, 고구마의 꽃을 그렸듯 익숙한 식물의 여러 기관을 그릴 것이다. 그렇게 더 넓은 세계를 알아갈 생각을 하면 상상만으로도 가슴이 벅차오른다.

귤과 오렌지, 그리고 레몬의 색

"채색 그림이랑 흑백 그림 중에 뭘 그리는 게 더 즐거워?" 새로 그리는 신종 이야기를 하던 중 친구가 물었다. 나는 흑백 그림이라 대답했다. 지금까지 그려온 식물 그림 중에도 펜에 잉크를 찍어 그린 흑백 그림이 더 많다. 식물세밀화라고 하면 당연히 채색 그림이겠거니 상상하는 사람이 많지만, 식물세밀화는 주로 흑백 그림으로 발전해왔고, 과학기술이 발달한 지금까지도 세계적으로 신종이나 미기록 종을 발표할 때는 여전히 채색이 아닌 흑백 드로잉으로 형태를 기록하고 공유한다. 그래서 나도 처음부터 사용되었던 기본적인 방법인 흑백 그림을 더 선호한다. (물론 대중에게 식물을 알리기 위한 교육·전시 목적에서 그릴 땐, 식물을 이해하기 쉽고 주목하기 좋은 채색 그림으로 그리는 일이 많지만.)

역사적으로 식물세밀화가 흑백 그림으로 발전한 이유는 크게 두 가지다. 하나는 기후나 토양 조건 등 환경과 시간에 따라 식물의 색이 미세하게 변화할 수 있기 때문에 그 모든 색상환을

다 기록하지 못하고 특정 색을 선택해 채색한다면 보는 사람들이 그 색만 정답이라 여기는 오류를 범할 수 있기 때문이고, 또 하나는 식물세밀화가 주로 식물도감의 삽화로 발전하면서 인쇄술의 영향을 많이 받았기 때문이다. 옛날엔 한 번에 여러 색을 인쇄할 수 없었거니와 인쇄 과정에서 색이 바뀌는 일도 있었기에 그 과정에서 생긴 오류로 틀린 정보를 제공할 바에는 애초에 색을 넣지 않는 편이 바람직했다. 중요한 그림 기록물 대부분이 흑백인 이유는 여기에 있다.

그럼에도 불구하고 때때로 색을 넣는 게 좋지 않을까 싶은 경우도 있다. 독일의 의사이자 화학자였던 헤르만 아돌프 쾰러는 1887년 두 권으로 된 약초 도감을 출간했다. 이 책의 모든 식물 삽화는 컬러로 실렸다. 마침 나는 독일 베를린에서 이 도감의 초판본을 보았는데, 내게 도감을 보여준 식물학자는 이 책이 다색석판 방식으로 인쇄되었다고 설명해주었다. 다색석판이란 이름 그대로 색을 다양하게 넣을 수 있어 기존 판화보다 대량 인쇄가 수월한 인쇄 방식이다. 이 인쇄술은 쾰러의 책이 처음 출간된 19세기 말 유럽 출판계에 큰 반향을 일으켰다.

내게는 낯설기만 한 19세기 독일 약용식물 도감을 한 장 한 장 넘겨보다 익숙한 식물을 발견했다. 레몬나무 그림이었다. 나는 도감에 인쇄된 레몬나무를 보면서 다색석판 인쇄술에 감동할 수밖에 없었다. 내가 생각해온 레몬 고유의 가장 정확한 색이 그대로 재현되어 있었기 때문이다. 고서를 워낙에 좋아해 영국, 일본, 프랑스 등 여러 나라의 오래된 식물 그림을 숱하게 봐왔지만 그간 봐온 것과는 차원이 다른 선명함이었다. 오래되어 종이 색이 노랗게 바랬음에도 불구하고 그림 속 식물만은 연둣빛이 살짝 섞인 특유의 연노랑 껍질 색을 선명하게 보여주고 있었다. 인쇄 과정을 거치고도 식물이 가진 고유의 색을 제대로 표현해낼 수 있다면 아예 색을 배제하는 것보다 훨씬 더 정확한 기록물이 될 수 있다는 걸 깨달은 순간이었다.

귤과 오렌지, 레몬, 자몽, 라임, 유자처럼 두꺼운 껍질 안에 새콤한 과육을 간직한 운향과 귤속 식물들은 '오렌지색' '귤색' '레몬색' 등 식물 이름 자체가 색 이름이 되기도 할 정도로 종마다 섬세하게 발전시켜온 고유의 색이 있다. 귤속 식물들은 수확 후 바로 먹을 수 있는 게 아니라 성숙기가 필요한 과일이다. 성숙도에 따라 색과 맛도 확연히 달라지기에, 사람들은 유달리 이 식물들의 색을 유심히 관찰해왔다. 현재도 연구자들은 귤속 식물의 성숙과 착색, 향과 맛의 관계를 계속해서 연구하고 있다.

귤속 식물들이 공통적으로 노란색을 띠는 건 껍질에 함유된 바이오플라보노이드bioflavonoid 때문이다. 물론 그 안에서 각 종은 뚜렷한 색 차이를 보인다. (이 세밀한 색 차이를 말로 표현할 수 있을까 싶지만) 라임은 초록에 가까운 연두색, 레몬은 연둣빛을 띠는 옅은 노란색, 귤은 그보다 짙은 노란색과 주황색의 중간, 오렌지는 주황색, 그리고 자몽은 붉은빛이 도는 주황색을 띤다. 이 차이는 주로 붉은색에 관여하는 안토시아닌anthocyanin과 카로티노이드carotinoid 함량에 의해 결정된다. 두 성분의 함량은 성숙기 온도와 빛의 영향을 받기 때문에 늘 높은 기온에서 자라고 재배되는 자몽과 오렌지는 더 붉은빛을 띠게 된다. 레몬은 안토시아닌이 꽃과 꽃눈의 색소 침착을 자극하는 반면 과실에는 작용하지 않아 열매가 붉어지지 않고 옅은 노란색으로 유지된다.

팬데믹 상황이 잠잠해지면 하고 싶은 게 하나 있다. 제주도에 가서 다양한 귤속 식물을 오랫동안 관찰하는 것. 제주도에서는

오렌지 '발렌시아'는 세계적으로 가장 많이 재배되는 품종으로
미국과 스페인에서 주로 재배되며 주스용으로 많이 쓰인다.

온주밀감부터 한라봉, 천혜향, 황금향, 레드향, 그리고 하귤까지 다양한 귤속 식물들이 재배된다. 귤속 식물을 그리다 보면 품종에 따라 껍질의 색과 질감이 뚜렷한 차이를 보이는 점이 흥미롭게 다가온다. 내가 그린 신품종 귤속 식물 중 하나는 먹지 않고 집에서 관상용으로 재배할 수 있는 아주 작은 과실이었다.

지금까지 귤속 식물은 제주도에서 주로 재배되었다. 하지만 앞으로 기후변화가 계속 심화된다면 우리나라 중남부, 더 심해지면 전국에서 재배가 가능해질 것이고, 그만큼 우리는 더 가까이에서 다양한 색과 형태의 감귤류를 만나볼 수 있을 것이다. 아파트나 길가 화단에 감귤나무가 관상수로 심기는 날이 올 수도 있다. 그때쯤이면 그림 기록 기술도 발전해 펜과 물감이 아닌 컴퓨터나 태블릿만으로 이 식물들을 그릴 수 있게 될지 모르겠다. 물론 식물이 가진 자연스러운 선을 컴퓨터가 재현할 수 있을 때 가능한 일이지만 말이다.

베리 가게에서

독일 프랑크푸르트에는 팔멘가르텐 식물원이 있다. 프랑크푸르트의 대표 식물원인 이곳을 둘러본 나는, 독일에서 재배되는 과일과 채소를 구경하러 근처 재래시장에 들렀다. 외국에 나가면 늘 비슷한 일정이다. 그곳의 식물연구 흔적을 볼 수 있는 수목원이나 식물원, 자연사박물관을 방문한 뒤 지금의 식물문화를 알 수 있는 꽃시장과 재래시장을 둘러보는 일정.

프랑크푸르트에서도 마찬가지였다. 시장은 현대적으로 리모델링되어 있었는데, 외국인이 많은 걸 보아 우리나라의 광장시장과 분위기가 비슷하다는 생각이 들었다. 그중 가장 눈에 띄는 과일 가게로 들어갔다. 블루베리와 산딸기류가 소분 포장으로 판매되어 젊은 사람들로 북적이는 곳이었는데, 진열된 과일의 구성이 독특해 주인에게 물어보니 이곳은 베리류만 판매하는 베리 가게라고 했다. 요즘 우리나라에선 과일만 파는 가게도 귀한데, 과일 중에서도 베리만 파는 가게라니. 베트남 호찌민에서 바나나만 여러 품종 진열해놓고 파는 바나나 가게를 보고

255

놀라 한참을 구경했던 적이 있어, 이번엔 놀라움보다 반가움이 앞섰다.

소분된 과일 도시락을 구입하고 가게를 죽 둘러보니 이곳엔 베리류만 진열되어 있는 게 아니었다. 토마토, 키위, 포도와 같은 과일들도 함께 있었다. 베리만 판매하기에 종이 다양하지 않아 함께 진열해두었나 보다 짐작하며 주인에게 물으니 "무슨 말이에요, 이 과일들도 다 베리예요"라는 대답이 돌아왔다. 순간 아차 싶었다. 10여 년 전 식물용어집 일러스트 작업을 할 때 베리(장과 漿果)라는 용어의 설명에 키위 그림을 그려 넣었던 게 생각났다.

우리나라에서는 웰빙 열풍으로 식재료를 색으로 분류하고, 붉고 까만 '슈퍼푸드'를 찾는 사람들이 늘면서 베리류 과일들이 주목받기 시작했다. 여러 매체에 그 효능이 소개되면서 블루베리, 아사이베리, 라즈베리, 크랜베리, 블랙베리 등 외국에서 재배되던 베리류도 본격적으로 수입되기 시작했다. 여기에 1인 가구가 늘면서 먹기 간편하고 영양분도 풍부한 베리를 재배하는 농가가 속속 생겨났다.

우리나라뿐만 아니라 세계적으로도 베리는 새콤달콤한 맛을 가진 산딸기류의 작은 열매로 정의되어 유통된다. 베리라고 하면 흔히 영어 이름에 '~berry'가 들어가는 모든 식물이라고 여기는 이가 많다. 여러 개의 열매가 하나의 과실처럼 보이는 집합과가 많고, 외국에서 온 수입 식물이라는 인식이 워낙에 강하다 보니, 당연한 일인지도 모르겠다. 하지만 우리나라 전통 과일이자 약용식물로 많은 사람이 술로 담가 즐기는 복분자도 베리류라 칭하는 걸 보면 꼭 그렇지도 않은 것 같다.

한데 베리의 정의를 자세히 들여다보면 이야기는 달라진다.

노르웨이에서 베리로 분류돼 유통되는 식물들. 번호순으로 크랜베리(1~2)와
야생 딸기, 클라우드베리, 라즈베리, 블랙베리.

베리는 장과와 동의어로서 하나의 씨방에서 나는 수분이 풍부한 다육질 열매를 일컫는다. 대체로 껍질은 얇고 과육은 액상이며 두 개 이상의 씨앗이 있다. 따라서 토마토, 포도, 다래, 머루 등도 베리라고 할 수 있다. 한편 이름에 베리가 들어간 과일 중 블루베리는 진정한 베리인 반면, 크랜베리는 베리로 분류하지 않는다. 이처럼 실제 베리의 정의와 사람들이 인식하는 베리의 차이가 커서 과일 분류를 재정립하려는 시도가 계속되어왔으나, 수세기 동안 유지되어온 개념이 바뀌기란 쉽지 않다.

우리가 좋아하는 딸기, 영어로 스트로베리 strawberry 라고 불리는 과일이야말로 대표적인 베리류일 것 같지만, 그렇지 않다. 베리의 개념이 정립되기 수천 년 전, 딸기를 처음 발견했을 때부터 그렇게 이름을 붙여버리는 바람에, 딸기는 지금까지도 베리 아닌 베리로 잘못 분류되고 있다. 학자들은 베리 혼돈의 역사가 바로 이 딸기로부터 시작되었다고들 한다. 명명이란 게 그래서 중요하다는 걸 다시 한번 체감한다.

식물학적 정의야 어떻든 사람들에게 널리 유통되면서 용어의 개념이 달라지고 재정립되는 일은 비일비재하다. 식물학에서는 과일을 씨방이 자란 열매로 정의하지만, 농학에서는 나무 열매로 정의하는 것처럼 말이다. 프랑크푸르트의 그 과일 가게에서 내가 놀랐던 점은, 학계가 아닌 유통업계에 종사하는 가게 주인이 그 개념을 정확히 이해하고 소비자들에게 올바르게 전달하고 있었다는 사실이다.

한참 베리류를 그리던 때가 생각난다. '오슬로의 미래 식량이 될 식물들'을 그림으로 기록할 때 가장 많은 비중을 차지했던 과일이 바로 베리류였다. 백두산에 주로 있는 넌출월귤과 같은 속의 북미산 크랜베리, 약용식물로도 널리 쓰이는 유럽의 야생딸기, 그리고 극지 주변에서 자생하는 옅은 주황색 열매인 클라우드베리와 까만 빛깔의 블랙베리. 붉고 까만 열매를 채색하면서 이른바 컬러푸드로 이 과일들을 찾을 때와는 다른 시선으로 그 다양한 색을 관찰할 수 있었다. 녹색 잎에 대비되는 강렬한 붉은색과 검은색에는 번식을 도와줄 매개 동물에게 발견되기 위한 노력, 자신을 보아달라는 외침이 담겨 있다는 것을. 다양한 베리 열매 색에는 생물의 궁극적인 목적, 번식의 욕망이 담겨 있다. 우리가 블랙푸드를 찾는 것도 어쩌면 이들의 번식 작전에 말려든 것이라 할 수 있다. 동물인 인간에게 먹힌 뒤 배설물로 씨앗이 배출되어 멀리까지 번식하려는 작전.

먹거나 마시고 이용하기 위해서가 아니라 오로지 기록을 위해 과일을 관찰하다 보면, 오랫동안 곁에 두고서도 미처 몰랐던 생물들의 새로운 면모를 깨닫게 되곤 한다. 식물세밀화를 그리는 즐거움은 여기에도 있다.

생강나무에도 곧 꽃이 필 거예요

새해가 밝아도 여느 때와 다름없는 하루를 보낸다. 해가 바뀌어도 다른 사람들처럼 새로운 시작이라는 기분을 크게 느끼지 않게 된 건 식물을 공부하면서부터다. 내 작업은 식물들이 새싹을 피우기 시작하는 3월이 되어야 비로소 본격적으로 시작되기 때문이다. 식물세밀화가의 시간은 식물의 시간과 같이 흐른다.

　매년 해가 바뀌고 회사에 다니는 친구들이 새로운 환경에 적응해가는 이야기를 늘어놓으면, 지난겨울과 다를 바 없이 올해를 맞이할 준비가 되어 있지 않은 나는 괜히 마음이 조급해진다. 나도 무언가 단단한 각오를 다져야 할 것 같고, 나만 세상의 흐름에서 뒤처지는 것 같은 기분이 든다. 지금은 그런 기분에 어느 정도 초연해져서 전처럼 불안하진 않지만, 20대 때만 해도 도시에서 바빠 살아가는 친구들과 달리 산만 쏘다니며 식물과 씨름하느라 세상에서 뒤처지는 듯한 기분에 밤잠을 설칠 때도 많았다. 그때는 식물을 공부하는 일에 대한 확신, 미래에 대한 확신도 지금처럼 단단하지 못했다. 20대 후반을 지나던 나는 그런 불안감 때문에 평일엔 학교와 수목원에서 식물을 공부하다가도 주말만 되면 영화제나 록페스티벌 같은 행사를 쫓아다녔다. 그렇게 식물과 인간의 시간을 둘 다 좇느라 체력과 감정을 다 소모해버린 건지, 지금은 도시 생활에 그 어떤 미련도 없어졌다.

식물의 시간을 따르고 식물과 가까워질수록, 나는 도시의 인간 세상과 멀어져갔다. 그렇게 식물과 함께한 순간이 쌓이고 쌓여 10년이란 시간이 흘렀고, 그 시간만큼 식물과는 한결 가까워졌다. "식물을 해서 그런지 너, 식물과 점점 닮아간다." 오랜 시간 나를 보아온 친구들이 이런 말을 할 때면 나는 잘 모르겠다는 듯 "그런가?" 하면서도 어쩐지 기분이 좋아진다. 어떤 종이든, 식물과 닮았다는 말은 칭찬으로 들린다. 펭귄을 연구하는 동물학자에게 펭귄과 닮았다는 이야기를 건넸더니 곧바로 고맙다고 대답하는 것을 보고, 자신이 연구하는 대상은 아무래도 다 좋게 보이나 보다 생각했다. 물론 그래서 그 대상을 연구하는 것이겠지만.

식물은 스스로 이동할 수 없기에 주어진 환경에 맞춰 적응하고 살아간다. 이런 식물이 인류보다도 더 오랜 시간 영역을 넓히며 살아올 수 있었던 건 나름의 생존 방식을 궁리해냈기 때문이다. 그 방식은 식물종마다 다르고, 그런 다양한 방식이 존재했기에 식물은 지구상에서 사라지지 않고 이제껏 생존할 수 있었다.

나는 이런 식물의 생애를 보며 삶의 태도와 자세를 배운다. 아마도 이건 어릴 때부터 예견됐던 것 같다. 식물을 공부하고 싶다던 어린 내게 그 일이 얼마나 아름답고 값진 일인지 일러주었던 아버지는 식물을 가까이에 두면 식물처럼 살게 된다는 것을 이미 알고 있었는지도 모른다.

작업실 앞산에는 생강나무가 있다. 겨울눈이 무르익지 않아도 한눈에 생강나무임을 알아볼 수 있는 건 내가 매주 이 산을 오르기 때문이다. 나는 겨울이 지나면 이 나무가 꽃을 피울 거란 것도 안다.

생강나무는 다른 식물들이 연둣빛 잎을 틔우기 시작할 때 노란 꽃을 먼저 피운다. 이런 식물은 많다. 우리나라 사람들이 가장 좋아하는 벚나무와 목련, 개나리, 매실나무…… 모두 사람들이 축제까지 열어 개화를 반기는 식물이다. 막 추운 겨울이 지나고 저 멀리서 따뜻한 온기가 불어오기 시작할 때 꽃피어 겨우내 삭막했던 풍경을 채워주는 식물들.

멀찍이 떨어져서 보면 잎보다 꽃을 먼저 피우는 것 같지만, 사실 이들의 시간은 우리 인간의 시간과 조금 다르게 흐른다. 지난여름 잎이 있을 때 꽃눈을 틔운 생강나무는 다가온 겨울 추위 속에서 다른 식물들이 꽃눈을 틔우는 동안 일찍이 틔운 꽃눈과 함께 그 추위를 견딘다. 날이 풀리고 겨울이 지나 초봄이 되면 비로소 그곳에서 꽃이 피어난다. 아직 쌀쌀한 이른 봄날에 꽃을 피운다 해도 대부분의 식물처럼 잎이 난 후 꽃을 피운다는 사실엔 변함이 없다.

땅속의 영양분, 빛과 물, 그리고 매개 동물 등 식물이 자라는 데 필요한 자원은 한정적이다. 이 한정된 자원을 세상의 모든 식물이 효율적으로 이용하기 위해서는 한꺼번에 꽃을 피우고 열매를 맺어서는 안 된다. 순차적으로 고루 나누어 누군가는 봄에 또 누군가는 가을에 꽃을 피우고, 누군가는 동물을 이용해서 또 누군가는 바람에 실려가 생장하고 번식해야 한다. 그래서 종마다 삶의 시기도 모두 다르다.

그러나 식물은 봄 여름 가을 겨울이라는 단어를 알지 못해서 해의 길이와 온도로 시간의 흐름을 감지한다. 봄에 꽃을 피우는 식물은 낮이 밤보다 길어질 때 꽃을 피우는 장일長日식물이고,

262

Lindera obtusiloba Blume

이른 봄 꽃을 피우는 생강나무. 산수유나무와 헷갈리기 쉬운데,
생강나무는 꽃자루가 거의 없고 꽃이 작은 공처럼 붙어 있다.
번호순으로 꽃이 달린 가지, 잎(2~3), 암꽃, 수꽃, 열매, 씨앗.

가을에 꽃을 피우는 식물은 밤이 낮보다 길어질 때 꽃을 피우는 단일短日식물이다. 생강나무를 비롯한 봄꽃들은 낮이 길어지고 기온이 올라가는 시절에 꽃을 피운다. 다시 말해, 꽃을 피우기 위해서는 춥고 긴 밤의 시간을 지나야 한다. 내가 유독 이른 봄꽃들을 좋아하는 이유도 바로 여기에 있다.

어떤 개나리는 가끔 아직 봄이 오지 않았는데도 꽃을 피운다. 겨울 동안 매서운 추위가 이어지다 갑자기 며칠 기온이 오르면 봄이 왔다고 착각해 꽃을 피우는 것이다. 하지만 괜찮다. 겨울에 꽃을 피운다고 생명에 치명적인 것도 아니니. 번식에 해롭다고 생각할 수 있지만 어차피 도시의 개나리는 자연적으로 번식하지 못한다. 도시 환경을 아름답게 해주며 사람들의 사랑을 받는 것만으로 실수의 가치는 충분하다.

살아가며 예상치 못한 환경에 놓여 실수를 범하게 되더라도, 내 삶이 다른 사람들의 것과는 다르게 흘러가는 듯한 느낌이 들고 나만 뒤처지는 것 같더라도, 그런 삶이라고 해서 틀린 게 아니라는 걸 겨울에 꽃을 피우는 개나리나 이른 봄 다른 식물이 잎을 틔울 때 꽃을 피우는 생강나무가 말해준다.

혹여나 춥고 긴 밤의 시간을 홀로 힘겹게 보내는 이가 있다면 꼭 이른 봄꽃들을 보기를. 이 겨울이 지나면 저 산의 생강나무에도 꽃이 필 것이다. 추운 겨울이 지나야만 피어나는 봄꽃들을 기다리며 이 추위를 견딘다.

진짜는 겨울에

도심에 사는 친구들이 나를 보러 올 때 꼭 묻는 질문이 하나 있다. "어느 계절에 가면 제일 좋아?" 그러면 나는 봄은 봄대로 좋고 여름은 여름대로 좋고 가을은 가을대로 좋다고 답한다. 하지만 겨울에는 전제를 단다. "식물 좋아하면 겨울도 좋고." 식물에는 특별히 관심이 없지만 오직 나를 보러 오는 친구들에게 봄 여름 가을을 두고 겨울에 산책을 하자고는 차마 말하지 못해, '식물을 좋아하면'이라는 전제를 다는 것이다. 그런데 이 말은 사실 식물을 좋아하는 내가 겨울 풍경을 무척 좋아한다는 말이기도 하다.

언뜻 보면 황량하기만 하고 아무것도 볼 게 없어 보이는 겨울 풍경이지만 자세히 들여다보면 자연의 고유한 아름다움을 제대로 관찰하기에 이 겨울만큼 좋은 계절도 없다. 자연스레 뻗은 나뭇가지의 선과 다채로운 색, 추위로부터 자신의 중요한 부위를 지켜내기 위한 겨울눈, 얼음을 이불 삼아 숨어 있는 노란 풀잎들이 겨울 숲 풍경을 이룬다.

우리 몸에 심장과 뇌도 있지만 몸을 지탱하는 뼈나 산소를 실어나르는 혈관, 최전방에서 신체를 보호하는 피부도 있듯, 식물에게도 우리 눈에는 띄지 않지만 몸체를 지탱하는 뿌리, 수분과 양분이 지나는 가지, 외부로부터 나무를 보호하는 수피가 있다. 다른 기관들이 반짝반짝 빛나는 계절에 가려 보이지 않던 식물의 또 다른 모습, 겨울은 이를 관찰하기 가장 좋은 계절이다.

식물의 이름을 보거나 들으면 나는 으레 꽃이나 열매의 형태를 떠올리곤 한다. 장미의 꽃이나 참나무의 도토리 열매처럼. 식물을 식별할 때 가장 중요한 열쇠는 대부분 생식기관인 꽃과 열매에 있고, 이 기관들을 유의 깊게 관찰하는 게 일이다 보니 자연히 그렇게 된다. 하지만 자작나무의 이름을 들을 때만큼은 언제나 그 수피를 떠올린다.

자작나무 수피는 눈에 띄게 희고 매끈하다. 사람들은 이 수피 색을 좋아해 흰색이나 회색, 좀더 진한 회색 등 다양한 색으로 육성하고 증식해 도시 정원수로 세계 곳곳에 심었다. 우리나라의 정원, 산과 숲에서도 자작나무를 쉽게 볼 수 있다.

노르웨이에서 자생하는 자작나무를 그리느라 흰 수피를 처음 만졌던 순간을 기억한다. 숲에 있는 자작나무 수피를 만지기가 조심스러워 나는 지금껏 눈으로만 자작나무 수피를 관찰해왔을 뿐 만져본 적은 없었다. 관찰용으로 받은 수피 조각을 손으로 집어 들었는데, 수피는 내 생각보다 훨씬 더 매끈하고 부드러웠다. 이 매끈함은 자연물에서 연상하기 어려운 감촉이었다. 마치 시멘트로 칠해진 작업실의 흰 벽을 훑는 것 같았다. 현미경으로 관찰하는 내내 자작나무 수피가 이토록 부드러운 이유가 무엇일지, 무슨 까닭으로 이런 묘한 흰색을 띠게 되었는지 곰곰이 생각해보았다.

——— 자작나무 ———

Betula platyphylla var. *japonica* (Miq.) H. Hara

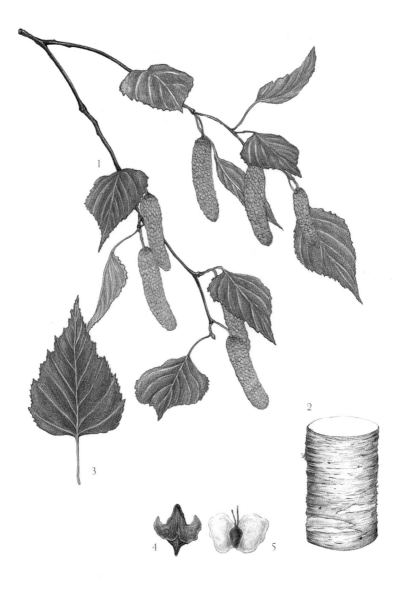

흰 수피로 많은 사람에게 사랑받는 자작나무.
번호순으로 꽃과 잎이 달린 가지, 수피, 잎, 씨앗(4~5).

자작나무의 흰 수피에 관해서는 연구가 많이 이루어진 편이다. 자작나무 수피는 왁스 층으로 되어 있는데, 이 지방 성분이 흰색이라 희게 보인다. 수피가 부드러운 것도 왁스 층 때문일 것이다. 자작나무는 사는 곳이 늘 춥고 눈도 많이 내리는 지역이다 보니 1년 중 단 몇 개월만 제외하면 늘 눈 쌓인 들판에서 살아가게 된다. 흰 눈은 햇빛을 대부분 반사해 수피 색이 어두우면 나무가 햇빛에 탈 수 있다. 그래서 자작나무도 흰색으로 진화하게 되었다는 연구가 있다.

수피의 지방 성분 덕분에 인류는 자작나무를 향초로도, 배를 만드는 목재로도, 냄비나 접시를 만드는 데도 유용하게 이용해왔다. 심지어 종이가 귀하던 시절에는 흰 수피에 글을 쓰거나 그림을 그리기도 했다. 「천마도」가 자작나무에 그려진 것이라는 설이 있는데, 자작나무속 식물은 맞지만 정확히 어느 종인지는 확실하지 않다고 한다.

몇 년 전 자작나무 숲을 산책하다가 수피에 뾰족한 기구로 낙서를 하는 사람들을 보았다. 식물에 낙서를 하지 말라는 안내문이 있는데도, 이미 몇 그루에 이름과 하트가 새겨져 있었다. 최근 그 자작나무 숲은 수피 훼손이 심각해 사람들의 출입을 일부 금지했다고 한다. 나무도 살아 있는 생물이라는 인식이 있다면, 다른 생명의 피부에 낙서할 마음을 먹을 수 있을까?

식물에 관심 갖는 사람이 많아지면서 생겨난 도시의 크고 작은 온실에서도 비슷한 장면을 목격한다. 선인장 표면을 뾰족한 물건으로 긁어놓은 낙서도 흔하게 볼 수 있다. 식물을 보러 찾아간 곳에서 왜 인간의 내면을 들여다보게 되는 건지 모르겠다.

나무 수피는 사람의 피부와 같다. 외부의 충격이나 병원균으로부터 나무를 보호하고, 수분 손실을 막는다. 나무도 사람처럼

268

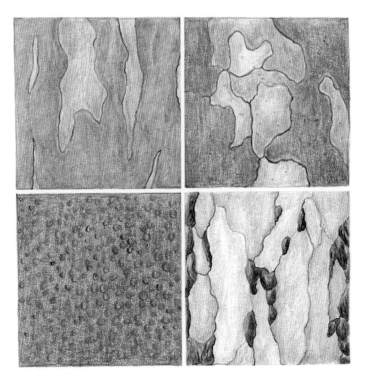

나무의 피부인 수피는 환경이나 종에 따라 조금씩 달라지면서
그 나무만의 개성이 되기도 한다. 왼쪽 위부터 배롱나무, 모과나무,
자귀나무, 양버즘나무의 수피.

시간이 지나면서 위로도 자라지만 옆으로 커지기도 해서, 갑자
기 크면 수피가 벗겨질 때도 있다. 식물 종이나 환경에 따라 수
피는 공통적인 특성을 갖기도 하고, 그 안에서 조금씩 차이를 보
이기도 한다.

수목원에 있는 배롱나무와 모과나무의 수피를 재색하니 자

작나무 수피가 떠올랐다. 배롱나무와 모과나무 역시 자작나무처럼 독특한 수피로 유명하지만, 어쩐지 자작나무와는 다른 따뜻함이 느껴진다. 그것은 수피에 들어 있는 주황색과 노란색, 황갈색의 따뜻한 색감 때문이지만, 수피가 이 나무들을 찾아다닌 봄여름 가을의 따뜻한 공기를 연상시키기 때문이기도 하다. 자작나무 그림 속 수피가 한겨울의 차가운 공기를 떠올리게 하듯이.

문득 최전방에서 추위와 바람으로부터 스스로를 지키는 자작나무의 수피가 참 대견하다는 생각이 들었다. 겨울 동안 잠깐만 밖에 나가도 붉게 트고 건조해지는 내 피부를 괜스레 어루만지며, 새삼 나무의 강인함을 다시 깨닫는다.

다가올 숱한 겨울에도 나는 언제나처럼 숲을 찾고, 나무들을 만날 것이다. 삶에서 화려하고 극적인 시간이 지나고도 여전히 곁에 있어주는 것들이 '진짜'라면, 나무의 진짜는 바로 겨울에 제 모습을 드러내는 거니까.

중요한 식물,
중요하지 않은 식물

세상 모든 식물은 풀과 나무, 혹은 종자를 맺는 식물과 그렇지 않은 식물로 나뉜다. 그러나 내게는 또 하나의 기준이 있다. 그린 적이 있는 식물과 아직 그리지 못한 식물. 그렇게 일상에서 만나는 식물들을 내 기준으로 식별하다 보면 아직 그리지 못한 식물들은 죄책감과 조급함을 느끼게 하고, 그려본 식물은 기록을 하던 그 시절로 기억을 되돌려놓는다. 하다못해 음식을 먹을 때도 마찬가지다. 한여름 백도를 먹을 때, 편의점에서 산 보리 음료를 마실 때, 심지어는 김치에 들어간 부추를 젓가락으로 집어 들 때도 나는 복숭아나무와 보리, 부추를 그리던 과거를 떠올린다. 식사 후 후식으로 나온 수정과를 마실 땐, 수정과에 동동 떠 있는 잣 두 알을 삼키며 잣나무를 그리던 10년 전을 떠올린다.

수목원에서 식물세밀화를 막 그리기 시작했을 무렵 처음 그린 식물은 잣나무가 속한 바늘잎나무였다. 소나무, 전나무, 향나무 등 우리나라 산림의 반을 이루는 바늘잎나무 대부분은 아무리 손을 뻗어도 가장 낮은 가지조차 닿지 않는, 키가 아주 큰 나무들이었다. 내 키보다도 더 큰 전지가위를 들고 산을 올라야 했던 건, 잣나무를 그릴 때도 마찬가지였다.

이렇게 식물을 그리기 위해 식물이 있는 곳에 가야 하듯, 식물을 먹기 위해서도 누군가는 식물이 있는 곳에 가야 한다. 내가 잣나무를 그리기 위해 구과가 달린 나무 꼭대기의 가지를 채집해야 했듯, 우리가 먹을 잣을 수확하려 누군가는 잣나무에 올라야 했을 것이다. 나무를 타고 올라 열매를 수확한다니 고소공포증이 있는 나로서는 상상도 할 수 없는 일이다. 일일이 손으로 채취한 잣 한 알에 담긴 수고, 내가 먹은 수정과에 떠 있는 잣 두 알의 소중함을 잣나무를 그리며 알게 되었다.

한겨울의 숲은 따갑다. 초겨울 건조한 공기 속에서 가시처럼 돋친 바늘잎나무 잎에 찔려가며 "앗, 따가워"라는 말을 입에 달고 살았다. 바늘잎보다 가느다란 핀셋으로 그 잎을 집어가며 관찰한 것을 그림으로 그려나갔다.

내가 그린 잣나무는 한 종이 아니었다. 잣나무와 눈잣나무, 섬잣나무, 스트로브잣나무—이렇게 네 종이었다. 이중 잣나무와 눈잣나무, 섬잣나무는 우리나라 특정 지역에만 분포해 보존 가치가 높은 주요 종이지만 스트로브잣나무는 1964년 북미에서 도입된 종이다. 누구든 중요한 것, 사람들이 주의 깊게 보는 것을 먼저 실행하기 마련이어서 그림을 그릴 때도 아직 연구가 많이 이뤄지지 않은 주요 종, 희귀식물이나 멸종위기식물, 특산식물부터 기록하게 된다. 그래서 나는 으레 잣나무부터 그리기 시작했고, 스트로브잣나무는 가장 나중에 그리기로 했다. 한정된 시간에 정해진 종을 다 그려야 하니 중요한 것부터 시작하는 편이 시간 배분에 유리하다고 생각했다.

잣나무. 번호순으로 잎과 구과가 달린 가지, 잎,
수꽃, 암꽃, 실편과 씨앗(5~6), 씨앗.

잣나무를 다 그린 후 동료에게 그림을 보여주었다. 그는 그림을 보더니 씨앗 껍질이 벗겨진 상태를 그리면 어떡하냐고 했다. 우리가 먹는 잣은 늘 껍질을 깨끗하게 벗긴 상태였으니, 나도 모르게 그 모습을 그린 것이다. 껍질이 있는 상태로 그림을 수정하고, 마감까지 얼마 남지 않은 시간 동안 스트로브잣나무를 마저 그렸다.

잣나무는 최근 몇 가지 시련을 마주했다. 소나무재선충병에 감염되는 잣나무가 늘었고, 즙을 빨아먹어 구과를 손상시키는 소나무허리노린재 피해도 잇따랐다. 더 근본적인 위기도 있다. 지구온난화로 인해 여느 바늘잎나무처럼 잣나무도 개체 수가 급감하는 중이다. 이런 가운데 스트로브잣나무는 우리나라의 우수 조림수종으로 선정되어 기후변화에 대응할 미래 수종으로 육성되는 중이다. 생장이 빠르고 기후의 영향을 크게 받지 않으며 무엇보다 소나무재선충병에 대한 내병성이 뛰어나 다른 소나무속 식물을 대체할 수 있는 수종이라는 이유에서다.

그동안 스트로브잣나무는 늘 잣나무, 눈잣나무, 섬잣나무 뒤에 서 있었다. 도입종이다 보니 도시의 공원과 정원 곳곳에 식재되어 흔하디흔하게 볼 수 있고, 구과도 잘 맺고 생장도 빨라 바늘잎나무계의 잡초처럼 여겨져왔다. 하지만 스트로브잣나무를 귀하게 여기지 않는 바로 그 이유, 어떤 환경에서도 생존하는 강인함과 빠른 생장력은 우리 앞에 닥친 기후변화 시대에 숲을 푸르게 보존해줄 수 있는 특성이기도 하다.

식물을 그림으로 기록하기 위해선 모든 식물을 평등하게 대해야 하지만, 가끔 나는 그런 공정함을 잃기도 했다. 연구와 기록이 아직 많지 않은 신종이나 특산식물은 최선을 다해 그리게 될 때가 많은 반면, 이미 외국에 많은 기록물이 있는 종은 나도 모

Pinus strobus L.

1960년대 중반 북미에서 우리나라로 도입돼 정원수로 식재되는
스트로브잣나무는 잣나무보다 상대적으로 잎과 구과가 더 길다. 번호순으로
잎과 구과가 달린 가지, 수형, 잎, 실편과 씨앗(4~5), 씨앗과 씨앗날개, 씨앗.

르는 사이 소홀해지기 마련이다. 잣나무와 섬잣나무, 눈잣나무에 집중하느라 스트로브잣나무에 소홀했던 10년 전의 나를 이제는 반성해야 할 것 같다.

식물의 겨울나기

겨울 식물을 좋아한다. 이것은 흰 눈이 쌓인 겨울 숲 풍경을 보는 것과는 조금 다른 개념이다. 내가 좋아하는 건 오직 식물이 완성하는 풍경이다. 겨울의 식물 풍경을 보러 간다 말했다가 핀잔을 들은 적이 여러 번 있다. 겨울엔 꽃도 열매도 없고, 눈에 들어오는 거라곤 다 똑같이 생긴 나뭇가지뿐이라고. 물론 겨울은 다른 계절처럼 싱그럽지도, 푸르지도, 화려하지도 않다. 게다가 겨우내 휴면에 들어가는 식물도 많기 때문에 실제로 볼 수 있는 기관器官도 적다. 그런 까닭에 일부 식물원이나 수목원은 겨울철 입장료를 반값만 받기도 한다. 하지만 풍성한 잎에 가려 보이지 않던 낙엽수의 맨 가지와 나무껍질의 질감, 그리고 겨울새의 먹이가 되어주는 빨간 열매처럼 오직 겨울에만 볼 수 있는 풍경이 있다. 이 풍경들이 자꾸만 나를 겨울 숲에 데려다놓는다.

특히 나는 겨울에 바늘잎나무들이 만들어내는 풍경을 무척 좋아한다. 주목 전나무 소나무 향나무 측백나무…… 봄부터 가을까지 다른 식물들이 파릇한 잎과 화려한 꽃, 오색 열매를 뽐내는 동안 늘 배경처럼 존재해왔던 이 나무들은 겨울이 되면 비로소 그 강인하고 우아한 존재감을 드러낸다. 진화 과정을 그대로 드러내 보이는 바늘잎도 감탄을 불러일으킨다. 겨울의 혹독한 추위와 건조함을 견디기 위해 잎의 표면적을 최대한 줄여 바늘처럼 만들어버린 나무. 겨울에 바늘잎나무들을 관찰하는 일은 제철 과일을 먹는 즐거움에 맞먹는 이 계절만의 호사다.

생각해보면 우리 주변의 모든 식물은 해마다 찾아오는 겨울을 무사히 날 계획을 가지고 있다. 날이 추워지기 시작하면 겨울옷을 꺼내고, 난방용품을 준비하는 우리처럼, 식물 역시 추위를 무사히 견디기 위해 이르면 여름부터 겨울나기를 준비한다. 한여름 녹음이 절정에 달했던 나뭇잎에는 어느새 단풍이 들고, 가지 끝에 달려 있던 이파리들은 낙엽이 되어 떨어진다. 겨울을 맞을 준비를 하는 것이다.

이렇게 추위가 오기 전 잎을 떨구는 낙엽수와 달리, 겨울에도 푸른 잎을 가지고 있는 상록수(늘푸른나무)는 매서운 추위와 강한 바람, 건조한 공기에 맞서 녹색 잎을 유지하기 위해 부단히 노력해야 한다. 진달래과 상록수인 만병초는 겨울이 오면 표면적을 줄이기 위해 잎을 뒤로 말아 오므린다. 넓은 잎에 수분이 빠질세라 공기에 닿는 면적을 줄이는 것이다. 마치 한겨울 찬바람에 몸을 웅크리는 나처럼. 겨울 동안 잎이 뒤로 말려 축 처진 만병초를 본 사람들은 나무가 시들어버렸다고 생각하지만, 추위와 건조함을 견디기 위해 웅크리고 있을 뿐 봄이 오고 날이 풀리면 장미rhódon와 같이 아름다운 나무déndron, '로도덴드론Rhododendron'이라는 이름처럼 화려하고 아름다운 꽃을 피워낸다.

나뭇가지도 겨울에 그 아름다움을 더 뚜렷이 느낄 수 있다. 빨간 가지가 유난히 고와 도시 화단에 많이 심기는 흰말채나무

Conifers

바늘잎나무는 멀리서 보면 모두 비슷한 잎을 가진 것만 같지만
잎의 길이와 갈라진 잎의 개수, 잎끝의 뾰족한 정도가 저마다 다르다.

Rhododendron brachycarpum D.Don ex G.Don

겨울에 푸른 잎을 틔우는 상록수는 녹색을 유지하기 위해 부단한 노력을 한다.
만병초는 춥고 건조한 날씨에 체내 수분 손실을 줄이기 위해
잎을 뒤로 젖힌 채 오므린 형태로 겨울을 난다.

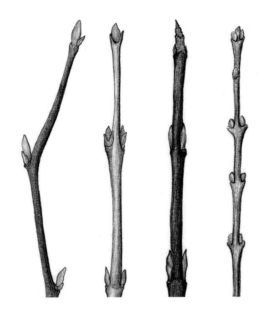

봄에 피어날 잎과 꽃을 위한 기관인 겨울눈은 식물마다 형태가 다르다. 왼쪽부터
쪽동백나무, 가막살나무, 흰말채나무, 팥꽃나무의 겨울눈.

는 잎과 열매가 사라진 겨울에야 비로소 그 진가가 드러난다. 붉
은 가지의 흰말채나무와 노란 가지의 노랑말채나무는 짝꿍처
럼 늘 함께 있는데, 황량한 겨울 풍경 속에서 노랗고 빨간 이 가
지들을 보면 그처럼 반가울 수 없다. 알록달록 가지 색에 이끌려
더 가까이 다가가 자세히 들여다보면 겨울눈도 보인다. 자그마
한 겨울눈에는 털이 보송보송 나 있다.

봄에 피어날 꽃과 잎을 위한 기관인 겨울눈은 겨울이 되어야
비로소 제 모습을 볼 수 있다. 두꺼운 털옷을 입은 겨울눈도 있
고, 얇은 옷을 여러 겹 겹쳐 입은 겨울눈노 있는 세 꼭 우리가 옷

을 입듯 제 나름의 형태로 추위를 나는 모습이다. 이렇게 식물마다 중요한 부위를 보호하는 방법이 어떻게 다른지 관찰하는 것 또한 겨울에 식물을 보는 즐거움이다.

동물인 우리는 살기 어려운 환경이 닥치면 피하거나 도망칠 수 있다. 그러나 식물은 한번 뿌리를 내린 이상 움직일 수 없다. 그저 자기 힘으로 주변 환경에 적응해야 한다. 그렇기에 식물이 싸늘하고 메마른 겨울을 견디는 모습을 보면 더욱 기특하고 애달프게 느껴진다. 그 모습은 나름대로의 방식으로 하루하루를 살아내는 우리 모습과도 크게 다르지 않다. 그래서 식물로부터 배울 수가 있다. 식물은 혹독한 겨울을 그저 견디기보다 다음 계절을 맞이하고 생을 도약할 기회로 삼는다. 어쩌면 이것이 추운 겨울을 지나는 우리 모두의 방법은 아닐지, 겨울 숲을 거닐며 생각한다.

쌓인 눈 아래 새싹

나는 혼자 있는 것을 좋아한다. 혼자 작업실에 앉아 좋아하는 음악을 들으며 표본을 누르거나, 좋아하는 삽화집을 보는 일이 내가장 큰 즐거움이다. 영화관에도, 쇼핑도, 식물원에도, 여행도 혼자 가는 것을 제일 좋아한다. 누군가 옆에 있으면 그의 속도에맞춰 혹은 그의 이야기를 듣다가 내가 보고 싶은 것을 못 볼 때가 많다. 친구들에게는 한 번도 말한 적 없지만 함께 공원이나식물원에서 산책을 할 때도 친구에게 볼 식물 다 봤다고, 오늘산책하길 참 잘했다고 말하고는 그것만으로 부족해 이튿날 혼자다시 그곳을 찾곤 한다. 제대로 산책을 한 번 더 하면서 다른 사람과 함께하느라 충분히 들여다보지 못하고 지나쳤던 식물들을자세히 보고 오는 것이다.

그래서 내가 식물세밀화를 그리게 됐는지도 모르겠다. 식물과 관련된 일 가운데는 혼자 할 수 있는 일이 많지 않다. 물론 식물세밀화도 기획자나 연구자부터 스캔 업체 사장님까지 여러 사람과 계속 소통해야 하는 일이지만, 그렇다 해도 내부분의 파징은 나 혼자 진행하거나 사람이 아닌 식물과 함께하기 때문에 크게 스트레스가 되진 않는다.

사람보다는 식물, 강아지와 함께 있는 것이 더 좋다. 아침에 일어나 식물 조사나 미팅을 다녀오면 대체로 오후 두 시가 넘는다. 돌아와서 점심 식사를 하고 잠깐 강아지와 산책한 후, 현미경으로 식물을 들여다보거나 그림을 그리는 게 내게는 가장 완벽한 일과다. 작업실에서 혼자 일하는 시간이 좋아 집에도 잘 안 가고 밤새 그림을 그리기도 한다. 그렇게 한동안 시간을 보내다 보면 이렇게 혼자인 걸 좋아하다 점점 세상에서 멀어지고, 결국 사회성을 잃어버리게 되면 어쩌나 싶기도 하다.

이렇게 조용히 지내는 나를 보고 누군가는 말한다. "여유롭게 식물 보고 살아서 좋겠다." "식물 그리는 일이 바쁠 게 뭐가 있냐." 내 근황은 '작업실에서 식물 그린다'는 말로 간단히 정리되지만, 그 말이 매일 같은 식물의 같은 부위를 진도도 빼지 않고 여유롭게 그린다는 말은 아니다. 식물을 그린다는 말 속에는 그려야 할 식물의 자생지를 찾아 전국을 돌아다니며 산을 타고, 현미경으로 식물을 들여다보며 형태를 기록하고 글을 쓰는 모든 과정을 매일매일 반복하는 행위가 포함된다.

그렇게 익숙한 일과대로 수목원을 찾은 어느 날, 정문에 차를 세워두고 전시원을 가로질러 사무실로 향하고 있었다. 수목원은 아직 한겨울 풍경이었다. 땅에는 부서진 낙엽이 쌓여 있고, 군데군데 녹지 않은 눈이 보였다. 예상보다 봄이 늦게 오는구나 싶었다. 나는 잠시 걸음을 멈추고 쪼그려 앉아 나뭇잎 사이로 쌓인 눈을 손으로 가만히 털어보았다. 그 안에서 아주 작은 연두색 로제트 잎이 보였다. 너무 작아 어떤 종인지는 알 수 없었지만, 이 작은 새싹은 눈을 이불 삼아 안에서 잎을 틔우고 있었다. 호기심에 그 옆에 쌓여 있던 졸참나무 낙엽도 걷어내보았다. 낙엽 아래에서 돌나물과처럼 통통하고 동그란 연두색 잎 수십 개가 올라온 게 보였다.

'봄이구나.' 모든 생물이 아직 동면 중인, 한겨울 숲이라고 생각했던 이곳에서 식물들은 한창 봄 맞을 준비를 하고 있었다.

내 눈에 보이는 게 전부라고 생각하던 때가 있다. 내가 가진 지식과 생각만이 옳다고 생각하던 때. 그때 나는 어렸고 오만했다. 그러나 식물을 찾아다니고 변화무쌍한 자연 현상을 기록하면서 내 지식이란 것도, 생각의 너비도 사소하기 그지없고 한없이 가벼우며 보잘것없다는 것을 깨달았다. 쪼그려 앉아 땅을 자세히 들여다보지 않았다면, 손으로 눈 쌓인 낙엽을 걷어내보지 않았다면 나는 수목원 풍경이 아직 한겨울이라고, 식물들이 봄을 맞이할 기미를 안 보인다고 생각했을 것이다.

가만히 앉아서 내 눈에 들어오는 것만을 기록해서는 그림을 완성할 수 없다는 걸 안다. 관찰과 기록은 내가 움직인 만큼, 부지런히 돌아다닌 만큼 나오는 결과물이다. 그래서 더 자세히 들여다보고자 해야 하고, 찾고자 해야 한다. 결국 내가 어떻게 마음먹고 얼마나 실천하느냐에 달려 있다. 그림은 딱 내 의지만큼 더 정확해진다.

찾아보기

식물과 나
ⓒ이소영

1판 1쇄 2021년 7월 21일
1판 5쇄 2023년 1월 11일

지은이 이소영
펴낸이 강성민
편집장 이은혜
책임편집 박은아
디자인 황석원
마케팅 정민호 이숙재 김도윤 한민아 정진아 이민경 정유선 김수인
브랜딩 함유지 함근아 김희숙 고보미 박민재 박진희 정승민
제작 강신은 김동욱 임현식

펴낸곳 (주)글항아리
출판등록 2009년 1월 19일 제406-2009-000002호
주소 10881 경기도 파주시 회동길 210
전자우편 bookpot@hanmail.net
전화번호 031-955-2696(마케팅) 031-955-2663(편집부)
팩스 031-955-2557

ISBN 978-89-6735-930-0 03480

geulhangari.com